有 问 题 就 会 有 答 案

密码了不起

THE GREAT CRYPTO

刘巍然 著

吴诗湄 绘

北京联合出版公司
Beijing United Publishing Co.,Ltd.

图书在版编目（CIP）数据

密码了不起 / 刘巍然著；吴诗湄绘 . — 北京 : 北京联合出版公司 , 2021.4
ISBN 978-7-5596-5049-8

Ⅰ . ①密… Ⅱ . ①刘… ②吴… Ⅲ . ①密码学—普及读物 Ⅳ . ① TN918.1-49

中国版本图书馆 CIP 数据核字 (2021) 第 015440 号

密码了不起

著　　者：刘巍然
绘　　者：吴诗湄
出 品 人：赵红仕
责任编辑：高霁月
特约监制：张　娴
策划编辑：魏　丹　郝　莹
营销编辑：李　苗
责任校对：于立滨　王苏苏
封面设计：李新泉
内文排版：蚂蚁字坊

北京联合出版公司出版
（北京市西城区德外大街 83 号楼 9 层　　100088）
北京联合天畅文化传播公司发行
三河市兴博印务有限公司印刷　新华书店经销
字数 238 千字　710 毫米 × 1000 毫米　1/16　15.5 印张
2021 年 4 月第 1 版　2021 年 4 月第 1 次印刷
ISBN 978-7-5596-5049-8
定价：68.00 元

推荐序

这是一场横亘古今的智慧对话。

自从交流成了人类生存的本能，人类就有了一个基本的沟通目标：仅让特定的人，在特定的时间和地点，以特定的方式，无损地读懂信息。为了完成这样一个朴素的沟通目标，人类在数个世纪苦苦求索，在时间的长河中演绎出一卷华丽的篇章。

"子非我，安知我不知鱼之乐？"最开始的误会和隔阂也许来自手势和方言的不通，语言和文字的统一并没有解决长距离沟通的困难。随着一系列编码和通信的加持，鸽子飞不到的距离，也可以见字如面家书万金。

"不战而屈人之兵。"某位伟大的军事家说过：战争是一种终极的沟通方式。当一切方式都已黔驴技穷，一方的战败才能让双方达成共识。为了信仰、为了利益，没有硝烟的尔虞我诈在战争与和平中交替上演，从未停歇。在这场密之战场上，密语沟通化文为剑，血染世间。

"天上一天，地上十年。"曾经的一首曲、几句诗，数个眼神的文艺密钥，在近代就如当街卖艺的落魄伶人无法自处，在数论和计算机的加持之下，古老的密术进入了人脑与机器博弈的新时代。严谨深沉的它也逐渐融入社会生活，在人类的繁衍生息中扮演崭新的角色。

"华丽转身，天堑变通途。"如今，数据的流通已经是现代人的生活方式。曾经为了赢得一场战争而存在的防御战壕，今天成了每个人安全分享个人隐私来获取便利服务的私人保镖。经历了数千年的演变和战火洗礼的密术脱胎换骨，在新的时代中一丝不苟地执行着谨慎的任务。

这是一个由数据和密钥勾勒的数字化时代，人类依然需要在信息爆炸中安全地获取信息并传达思想。无论多少沧海桑田和悲欢离合，与光阴赛跑的密码学仍在秉承朴素的初心，为人类的交流和生存而存在。密码学在时间的长河中仿佛一直在陪伴人类，做着深沉而浪漫的告白。

作为千年密码之术的天选之你，准备好开始一场穿越古今密术的探索了吗？请带上浪漫放松的心情，我们开卷出发吧！

刘建伟

2021 年 1 月于北京航空航天大学

自 序

2017 年 5 月，我接到了知乎编辑的邀请，让我撰写一本密码学科普读物。要通过浅显生动的例子，在不涉及复杂数学知识的条件下为晦涩难懂的密码学原理进行科普，难度可想而知。然而，伴随着互联网的蓬勃发展，互联网上的安全问题也日益显著。密码学是维护网络安全的核心技术之一。作为一名主攻密码学的博士，为读者朋友撰写一本浅显易懂的密码学科普读物，使读者朋友了解默默保护着我们的密码技术，是一种义务，也是一种责任。我最终接受了这个挑战，完成了这本书。

密码学的发展可以分为两个时期：古典密码学时期与现代密码学时期。在古典密码学时期，密码学家还没有掌握设计安全密码的科学方法。密码的设计完全依赖于密码设计者的聪明才智，而密码的破解更是依赖于密码破译者的灵光一现。20 世纪中期，计算机科学的奠基人图灵和信息论的奠基人香农为密码学找到了可靠的理论基础。密码学也正式步入现代密码学时期，为数据安全保驾护航。现在，是时候让密码学这位幕后英雄走到台前，在读者朋友面前亮个相了。

从 2014 年起，我开始在知乎上回答密码学领域的相关问题，并因此收到了很多朋友的赞扬与感谢。2016 年，我成为知乎密码学领域的优秀回答者，并完成了电子书《质数了不起》。现在，《质数了不起》的扩展版本——《密码了不起》也终于要和读者朋友见面了。《密码了不起》中约有 80% 的内容为新增内容，补充了大量电子书中未涉及或简述的章节。我很希望能通过本书所讲解的内容，为读者朋友介绍密码学的基本概念和基本原理，介绍隐藏在密码学背后的数学知识，也希望这本书能激发读者朋友对密码学的兴趣。

在此，我想真诚感谢为本书的撰写和出版做出贡献的朋友们。非常感谢我的妻子李雯对本书的大力支持。她帮助我修正了很多语法错误，并站在读者的角度为本书提出了很多宝贵的建议。感谢我的师妹金歌为本书中出现的德语词汇和语句提供准确的翻译，并对本书进行了认真的校对，指出了很多语言问题。感谢我在阿尔法字幕组的合作伙伴吴诗湄为本书绘制插图，她的绘图为本书增添了更多活力。感谢阿里巴巴集团数据技术及产品部的张磊老师、冯侦探老师、沈则潜老师、高爱强老师等，谢谢你们的支持和帮助。

国际计算机学会（ACM）和电气与电子工程师协会（IEEE）会士、浙江大学网络空间安全学院院长任奎老师，北京航空航天大学密码学教授伍前红老师，阿里巴巴集团安全部密码学与隐私保护技术总监洪澄老师，腾讯安全云鼎实验室总监钱业斐老师，深信服首席安全研究员、蓝军首席架构师彭峙酿老师，知乎密码学话题优秀答主段立老师在阅读样稿后给予了热情的推荐。我的博士生导师、北京航空航天大学网络空间安全学院院长刘建伟教授更是为本书撰写了推荐序。我在此向他们致以衷心的感谢！

虽然我已经尽我所能确保本书的正确性和严谨性，但由于我个人的知识水平有限，书中难免出现错误或表述不当之处，恳请读者朋友提出宝贵的意见和建议。

刘巍然

2020 年 11 月

01

+ + + + +

"只要解出来，算你了不起"

古典密码：高手过招的智慧博弈

02

+ + + + +

"今天有小雨，无特殊情况"：

战争密码：生死攸关的巅峰较量

03

＋ ＋ ＋ ＋ ＋

"曾爱搭不理，现高攀不起"：

数论基础：密码背后的数学原理

04

+ + + + +

"你说你能破，你行你上呀"：

安全密码：守护数据的科学方法

01

+ + + + +

"只要解出来，算你了不起"

古典密码：
高手过招的智慧博弈

2009 年 1 月 23 日，农历腊月二十八，正当网友紧锣密鼓地准备迎接 2010 年春节的到来时，一位昵称为"HighnessC"的网友于凌晨 4 时 12 分在百度"密码吧"发布了这样一个帖子：

最近和一个心仪的女生告白，

谁知道她给了我一个莫尔斯密码，说解出来了才答应和我约会。

可是我用尽了所有方法都解不开这个密码。好郁闷啊。只能求教你们了。

****- / *---- / ----* / ****- / ****- / *---- / --** / *---- / ****- / *---- / -**** /

-- / *- / *---- / ----* / **--- / -**** / **--- / **--- / ***-- / --*** / ****- /

她唯一给我的提示就是这个 5 层加密的密码……

也就是说要破解的 5 层密码才是答案……

好郁闷啊……

救救我啊……

求助帖很快得到了网友的热烈响应。一段时间后，网友很快分成了两个派别。一部分网友的态度很悲观，在回帖中无奈地表示"5 层基本没救了，节哀吧"。另一部分网友准备迎难而上，尝试破解这个"基本没救"的密码。很快，网友"PorscheL"于 4 时 57 分在 6 楼回帖，表示第 1 层密码已经解开。但是，后面 4 层密码的破解似乎困难重重，密码破解的进度暂时陷入停滞状态。

12 时 24 分，楼主"HighnessC"从心仪的女生那里得到了一些提示，他在

12 楼发帖称：

> 经过昨天一晚的奋斗，
>
> 我还是破解不了。
>
> 不过今天我死磨她，叫她给提示，她说途中有一个步骤是"替代密码"，而密码表则是我们人类每天都可能用到的东西。
>
> 我会再多套点信息的……
>
> 希望大大帮忙解答啊……
>
> 毕竟我也希望不要她亲口说出来这个密码的答案……

这个提示为密码的破解带来了巨大的帮助。16 时 45 分，网友"片翌天使"沿着 38 楼网友"幻之皮卡丘"提供的思路，于 83 楼成功解开了第 2 层密码；17 时 9 分，网友"巨蟹座的传说"于 93 楼提供了解开第 3 层密码的思路；18 时 39 分，网友"片翌天使"于 158 楼宣布密码已经完全破解，并称"楼主你好幸福哦"；20 时 02 分，网友"片翌天使"于 207 楼整合了完整的解密步骤，公布了密码破解结果。至此，经过 14 个小时的努力，这个 5 层加密的密码终于被破解！破解结果也是皆大欢喜，密码吧的网友见证了他们的爱情。衷心希望这一对情侣能够在网友的见证下走到一起，共度美好的未来。

楼主"HighnessC"曾在帖子中表示，给他出这道破解题的女生很喜欢古典密码。那古典密码是什么？如何破解这个 5 层加密的古典密码？这个 5 层加密的古典密码中又蕴含着怎样的历史故事呢？

历史上，密码设计者和密码破译者曾进行过旷日持久的斗争。计算机诞生之前，密码设计者应用自己的聪明才智设计出了很多看似牢不可破的密码。然而，这些密码设计思想的背后并没有坚实的理论基础。在大多数情况下，密码破译者都能在斗争中大获全胜，把这些密码完美破解。根据这些相对简单，但无坚实理论基础支撑的设计思想所构造出的密码被称为古典密码（Classical

Cryptography）。计算机诞生之后，密码设计者在数学与计算机科学领域逐渐寻找到设计密码的理论依据，最终设计出了一系列真正难以被破解的密码。这类依据坚实理论基础而设计出的密码被称为现代密码（Modern Cryptography）。借助数学与计算机科学的大威力武器，密码设计者终于柳暗花明，在与密码破译者的斗争中打了个漂亮的翻身仗。

虽然在现代通信领域中，古典密码已不为所用，但不能否认古典密码在密码学发展史上的重要作用。本章将细数古典密码的历史故事，为读者朋友拆解密码设计者和密码破译者在密码斗争中的一招一式。在了解古典密码的原理和设计思想后，本章将回顾网友"片翌天使"对 5 层密码的破解过程，重温诞生于"密码吧"的爱情故事。了解常用的古典密码后，读者朋友也可以构造出属于自己的密码，用这种特殊的方式向心仪的人传递爱意。不过，在此需要贴出一则友情提示：如果心仪的人一直无法找到破解方法，还请及时告知结果，否则可能会酿成悲剧，后果自负。

1.1 换种表示：编码

在开启古典密码之旅前，首先要了解另一个概念：编码（Code）。编码看似密码，但严格来说并不是密码。编码的根本目的是寻找一种方式，通过电报、电台、互联网等传输媒介进行远距离通信。因此，可以把编码看成机器之间互相交流的"机器语言"。所谓编码过程（Encode），就是把人类语言翻译成机器语言。与编码过程对应的解码过程（Decode），就是把机器语言翻译成人类语言。知乎上有很多利用编码作为密码的例子。对于这类"密码"，只要知道编码和解码方式，就很容易恢复出隐藏在其中的信息。

如此看来，破解编码的难度在于：了解编码的编码和解码规则，从而在短时间内将机器语言翻译成人类语言。在日常生活中，人们也经常会遇到类似的问题：

当两个人通过方言进行交流时，如果第三个人不懂得所使用的方言，他也无法得知两个人交流的内容是什么。曾经有网友统计过中国最难懂的十大方言，分别是温州话、潮汕话、粤语、客家话、闽南语、闽东语、苏州话、上海话、陕西话和四川话。虽然这不是官方的统计结果，但这十门方言对一般人来说的确也称得上难学难懂了。从某种程度上讲，虽然语言本身并不属于密码，但应用语言的确也可以实现信息保密通信的功能。

在人类历史上，确实也有应用语言实现信息保密通信功能的例子。在第二次世界大战的太平洋战场中，美军就曾经使用过一种美国土著语言——纳瓦霍语作为密码，史称"纳瓦霍密码"（Navajo Code）。细心的读者朋友可能已经注意到，纳瓦霍密码对应的英文使用的是编码（Code）一词，而非密码（Cipher）一词。严格来说，纳瓦霍密码这种以语言为基础的密码仍属于编码的范畴。

把纳瓦霍语作为密码的思想是由美国洛杉矶的工程师 P. 约翰斯顿（P. Johnston）提出的。约翰斯顿从小在美国亚利桑那州的纳瓦霍族保留地生活，他是少数可以流利讲解纳瓦霍族语言的非纳瓦霍人之一。由于纳瓦霍族常年与世隔绝，纳瓦霍语对族外人来说几乎像动物语言那样让人无法理解。同时，这种语言的语法、声调、音节都非常复杂，学会这门语言的时间成本非常高。当时，能够通晓纳瓦霍语的非纳瓦霍族人在全球不超过 30 人，并且这 30 人中没有一位是日本人。既然如此，能否使用纳瓦霍语作为密码呢？约翰斯顿向美国军方提出了这个想法，并最终得到了美国军方的采纳。

应用纳瓦霍语传递军事信息面临着种种困难。最大的困难是，作为美国土著语言，无法用纳瓦霍语描述现代军事中的专业术语。为了解决这个问题，美国海军专门构造了纳瓦霍语专业术语词汇表。对于简单的军事用语，直接在纳瓦霍语中寻找相似的替代词语。例如，用鸟的名字表示飞机、用鱼的名字表示舰船、用"战争酋长"表示"指挥官"、用"蹲着的枪"表示"迫击炮"等。表 1.1 列举了部分纳瓦霍密码所对应的现代军事用语。对于更为复杂的军事用语，就直接用纳瓦霍语读出军事用语的字母拼写。为了在战争中使用纳瓦霍密码，美军征召了大量的纳瓦霍族人入伍，负责用纳瓦霍语传达军事命令。这些纳瓦霍族人被形象地称为"风语者"（Windtalkers）。纳瓦霍密码是第二次世界大战中最可靠的密码。至今为止，纳瓦霍密码仍然是为数不多的未被破解的密码之一。2002 年，这一战争历史被知名导演吴宇森执导拍摄成了同名电影《风语者》。

表 1.1　部分纳瓦霍语专业术语词汇表

英文	中文	纳瓦霍语英文含义	纳瓦霍语中文含义	纳瓦霍语语音
Fighter Plane	战斗机	Hummingbird	蜂鸟	Da-He-Tih-Hi
Observation Plane	侦察机	Owl	猫头鹰	Ne-As-Jah
Torpedo Plane	鱼雷轰炸机	Swallow	燕子	Tas-Chizzie
Bomber	轰炸机	Buzzard	鹈鹕	Jay-Sho
Dive-Bomber	俯冲轰炸机	Chicken Hawk	美国鸡鹰	Gini
Bombs	炸弹	Eggs	鸡蛋	A-Ye-Shi
Amphibious Vehicle	水陆两栖车	Frog	青蛙	Chai
Battleship	战舰	Whale	鲸	Lo-Tso
Destroyer	驱逐舰	Shark	鲨鱼	Ca-Lo
Submarine	潜水艇	Iron Fish	铁鱼	Besh-Lo

当然，与纳瓦霍密码相比，机器可以识别的语言对人类来说还是比较好理解的，否则现在也就不会存在如此多能与计算机深入沟通的程序员了。下面我们来看看如何将人类语言翻译成机器语言，如何将机器语言翻译成人类语言。

1.1.1　最初的编码：莫尔斯电码

如何实现远距离通信曾是人类所面临的重要难题之一。无论是战争时的军令下达，还是日常信息的互通有无，人们对通信的渴望一直存在。

在很长一段时间里，人类只找到了两种实现远距离通信的方法。第一种方法是将需要传递的信息写在书信上，利用马匹、信鸽、信犬等，通过接力或直接送达的形式将书信送往目的地。第二种方法是利用烽烟、信号灯等方式，通过肉眼可见的信号发送信息。然而，这些通信方式的共同问题是成本高昂、使用环境受限、通信速度缓慢，无法满足快速、实时通信的要求。

18世纪，物理学家发现了电的各种性质。随后，发明家开始尝试利用电来传递消息。早在1753年，英国科学家便成功利用静电实现远距离通信，这便是电报的雏形。1839年，英国发明家C.惠斯通（C. Wheastone）与W.库克（W. Cooke）在英国大西方铁路（Great Western Railway）的帕丁顿（Paddington）站至西德雷顿（West Drayton）站之间安装了一套电报线路。这也是世界上第一套投入使用的电报线路，其通信距离达到了20公里，真正实现了信息的实时远距离通信功能。美国发明家S.莫尔斯（S. Morse）几乎在同一时期发明了电报，并于1837年在美国取得了相关专利。

电信号只有"连通"和"断开"两种状态，但人类语言拥有字符、数字、标点符号等丰富的组成元素。如何把它们都转换成"连通"和"断开"这两种状态，以便通过电报发送出去呢？莫尔斯请另一位美国发明家A.维尔（A. Vail）帮助他构思了一套可行的方案，通过"点"（·）和"划"（—）的组合表示字符和标点符号，让每个字符和标点符号彼此独立地发送出去。他们约定，用短电信号标识"点"，用长电信号标识"划"，用停顿分隔独立的字符和标点符号。最终两人达成一致，将这种字符和标点符号的标识方法写到了莫尔斯的专利中。这就是广为人知的莫尔斯电码（Morse Code）。

由莫尔斯和维尔提出的莫尔斯电码又称美式莫尔斯电码。现今国际通用的莫尔斯电码是由德国电报工程师F.格克（F. Gerke）于1848年发明的。在1965年巴黎举行的国际电报大会上，与会人员对格克发明的莫尔斯电码进行了少量的修改。此后不久，国际电信联盟将修改后的莫尔斯电码正式定名为国际莫尔斯电码，从此成为国际标准。

  国际莫尔斯电码使用 1~4 个"点"和"划"表示 26 个英语字母，用 5 个"点"和"划"表示数字[①]，用 5~6 个"点"和"划"表示标点符号，同时规定了一些非英语字符的表示方法。表 1.2 是国际莫尔斯电码字母、数字、标点符号和特殊字符对照表。

表 1.2 字母、数字、标点符号和特殊字符的莫尔斯电码对照表

字符	莫尔斯电码	字符	莫尔斯电码	字符	莫尔斯电码	字符	莫尔斯电码
字母							
A	· —	B	— · · ·	C	— · — ·	D	— · ·
E	·	F	· · — ·	G	— — ·	H	· · · ·
I	· ·	J	· — — —	K	— · —	L	· — · ·
M	— —	N	— ·	O	— — —	P	· — — ·
Q	— — · —	R	· — ·	S	· · ·	T	—
U	· · —	V	· · · —	W	· — —	X	— · · —
Y	— · — —	Z	— — · ·				
数字							
1	· — — — —	2	· · — — —	3	· · · — —	4	· · · · —
5	· · · · ·	6	— · · · ·	7	— — · · ·	8	— — — · ·
9	— — — — ·	0	— — — — —				
标点符号							
.	· — · — · —	:	— — — · · ·	,	— — · · — —	;	— · — · — ·
?	· · — — · ·	=	— · · · —	'	· — — — — ·	/	— · · — ·
!	— · — · — —	—	— · · · · —	\	· — — · — ·	"	· — · · — ·
(	— · — — ·	)	— · — — · —	$	· · · — · · —	&	· — · · ·
@	· — — · — ·	+	· — · — ·				

[①] 莫尔斯电码的数字有长码版和短码版，通常使用长码版。长码版中每个数字都由 5 个"点"和"划"表示，短码版使用 1~5 个"点"和"划"表示数字。

续表

字符	莫尔斯电码	字符	莫尔斯电码	字符	莫尔斯电码	字符	莫尔斯电码
特殊字符							
ä 或 æ	· — · —	à 或 å	· — — · —	ç 或 ĉ	— · — · ·	ch	— — — —
ð	· · — — ·	è	· — · · —	é	· · — · ·	ĝ	— — · — ·
ĥ	— · — — ·	ĵ	· — — — ·	ñ	— — · — —	ö 或 ø	— — — ·
ŝ	· · · — ·	þ	· — — · ·	ü 或 ŭ	· · — —		

　　莫尔斯电码易于理解，使用简单，在全世界范围内得到了广泛使用。全世界公认的求救信号"SOS"就与莫尔斯电码有关。19世纪初，海难事故频发。由于遇难船无法及时传递求救信号，救援队无法有效地组织施救，海难一旦发生，便很容易造成重大的人员伤亡和财产损失。鉴于此，国际无线电报公约组织于1908年正式将"SOS"设定为国际通用海难求救信号。有的人把"SOS"解读为英文"Save Our Ship"的首字母缩写，意为"拯救我们的船"。也有的人把"SOS"解读为英文"Save Our Soul"的首字母缩写，意为"拯救我们的灵魂"。这些都不是"SOS"被设定为国际通用求助信号的根本原因。

　　有的读者朋友可能知道，在遇到事故需要求助时，如果无法通过文字方式撰写"SOS"，也可以通过声音或灯光的形式传递呼救信息。利用声音的传递方法是发出"三短三长三短"的声响；而利用灯光的传递方法则是按照"三短三长三短"的规律让灯光闪烁。事实上，"三短三长三短"即为莫尔斯电码中的"· · · — — — · · ·"，所对应的字母正是"SOS"。当初国际无线电报公约组织选择"SOS"这个字母组合时没有赋予其任何特别的含义，纯粹是因为"SOS"所对应的莫尔斯电码"· · · — — — · · ·"由连续的"点"和"划"构成，便于发送和接收。

　　人们也会利用莫尔斯电码纪念一些历史事件。在第二次世界大战中，盟军于1944年6月6日早上6时30分启动了战争史上最为著名的海上登陆战役——诺曼底战役，也称"D日计划"。诺曼底战役胜利后，作为战役盟军主要成员国之一的加拿大曾于 1943 年和 1945 年分别发行了两种具有特殊纪念意义的 5 分镍币，史称胜利镍币（Victory Nickel），如图 1.1 所示。

图 1.1　加拿大 1943 年和 1945 年分别发行的两种胜利镍币

胜利镍币的一大亮点就是镍币上印有莫尔斯电码。如果从硬币最下方的字母 N 的左侧处开始，顺时针读取莫尔斯电码，就会得到：

·--／·／·--／··／-·／·--／····／·／-·／·--／·／
／·--／---／·／-·／·--／··／·-··／·-··／··／-·／--·／·-··／-·--

将这段莫尔斯电码对照表 1.2 解码为英文字符，就会得到如表 1.3 所示的结果：WE WIN WHEN WE WORK WILLINGLY（当我们渴望胜利时，我们就能胜利）。

表 1.3　胜利镍币的莫尔斯电码解码结果

·--	·	·--	··	-·	·--	····	·	-·	·--	·
W	E	W	I	N	W	H	E	N	W	E
·--	---	·-·	-·-	·--	··	·-··	·-··	··	--·	·-··	-·--
W	O	R	K	W	I	L	L	I	N	G	L	Y

莫尔斯电码通常被认为是历史上出现过的首个标准编码规范。人类使用莫尔斯电码的历史横跨了约 150 年。直至 1999 年，莫尔斯电码仍然是海洋通信的国际标准。随着更多更加高效的编码规范的问世，莫尔斯电码逐渐退出了历史舞台。1997 年，法国海军在海洋通信中停止使用莫尔斯电码。他们通过莫尔斯电码发

送的最后一条消息是：

Calling all. This is our last cry before our eternal silence.

（所有人注意，这是我们在永远沉寂之前最后的一声呐喊。）

利用莫尔斯电码表白的例子在知乎中也非常常见。最简单的例子是知乎网站中的一个问题"这个莫尔斯电码是什么意思？"：

```
· · / — · · / · · / — · · — · · / — — — / · · — · / ·
/ — · — · / — — — / · · — · / — · / — · / — · ·
/ · · / — · · / — — — / · · — · / — — — / · · — · / ·
/ — · — · / — — — / · · —
```

很容易对照表 1.2 将莫尔斯电码解码为英文字符，得到结果：I DID LOVE YOU AND I DO LOVE YOU。看样子，这也是一个美好的爱情故事。

1.1.2 莫尔斯电码的困境

莫尔斯电码逐渐被淘汰的一个核心原因是：莫尔斯电码适用于信息的发送和接收，却不适用于信息的准确存储。一个显而易见但不是特别严重的问题是，似乎无法通过莫尔斯电码区分英文字母的大小写。解决这个问题的难度并不大，进一步增加表示大写英文字母的莫尔斯电码即可。另一个更加严重的问题是，在莫尔斯电码中，各个编码之间需要使用"空格"或"停顿"作为分隔符。当人们需要将莫尔斯电码存储在计算机中时，"空格"或"停顿"符号又该如何记录呢？

是否可以不记录"空格"或"停顿"符号？答案是否定的。事实上，"空格"或"停顿"符号的缺失，很容易造成解码结果不唯一，从而导致歧义。

2014 年 2 月，一位知友在知乎上提了这样一个问题"谁能帮忙解密下面一段密码？某个朋友的 exGF[①] 写给他的，对他很重要。"：

000001011001101011

100000010100001000011011

0001001110001001010001011 00 00000010001001010001011 0110000110001000100

分三行，她给的提示只是说，跟莫尔斯密码有关。

起初这道题目没有引起太多知友的兴趣。毕竟这样一个直接用莫尔斯电码就能破解的题目一般都不会太难。然而，随着破解的深入，知友发现这道题远非想象的那么简单。破解这个莫尔斯电码所面临的最大问题是，题目中并没有给出各个莫尔斯电码之间的"空格"或"停顿"，可能存在很多种解码结果。例如，对于第一个词 000001011001101011，完全可以把所有的"0"解码成"E"，把所有的"1"解码成"T"，得到结果"EEEEETETTEETTETT"。虽然这个解码结果是没有意义的，但这完全符合解码规则，是一个正确的解码结果。

解决这个问题有两个关键点：

（1）确定"0"是"·"，"1"是"—"；还是反过来，"1"是"—"，"0"是"·"；

（2）列举所有的解码结果，从中找出有意义的词语或句子，作为正确的解码结果。

2014 年 2 月 10 日，知友 @詹博奕解决了第一个关键点，他指出：第三行中间的"00"是单独存在的，根据莫尔斯电码标准，"00"可能代表"EE""M""I"或"TT"。如果这段莫尔斯电码的解码结果是英语或者拼音，那么"00"最有可能代表的是"I"。因此，可以认为"0"表示点，"1"表示划。知友 @詹博奕尝试手工破解，并成功破解了第一行和第二行莫尔斯电码，得到了有意义的破解

---

① exGF: exGirlFriend 的缩写，意为前女友。

结果：HAPPY BIRTHDAY。然而，第三行莫尔斯电码过长，可能的解码结果过多，已无法通过人工方式解码出正确结果。

大约在一年后的 2015 年 1 月 7 日，知友 @ 刘巍然 – 学酥编写了一段计算机代码，尝试列举出所有可能的解码结果，并从中挑选出有意义的词语。@ 刘巍然 – 学酥将 6 段莫尔斯电码可能的解码结果分别输出到 6 个不同的文本文件中。令人惊讶的是，这 6 段莫尔斯电码对应的所有可能的解码结果数量大大超乎预估。所生成的 6 个文件加起来的大小大约为 238MB，所有可能的解码结果的字符数加起来接近 2.4 亿，如图 1.2 所示。很显然，通过人工方式在所有解码结果中找到有意义的词语几乎是不可能完成的任务。

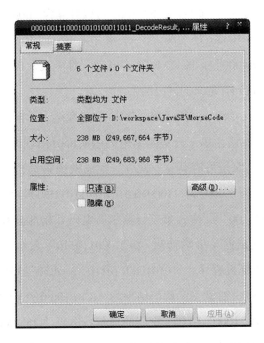

图 1.2 知友 @ 刘巍然 – 学酥应用计算机程序生成的所有解码结果存储文件大小

既然不能人工搜索，能不能借助计算机强大的运算能力进行搜索呢？@ 刘巍然 – 学酥提出了一种可行的解决思路：将英语词典导入到计算机程序中，让计算机程序在所有解码结果中自动查找有意义的词语。再次运行修改后的计算机程序后，终于成功破解了前两行莫尔斯电码。第一个词只有一个有意义的解码结果，就是 HAPPY。第二个词有两种有意义的解码结果：BIRTHDAY、THURSDAY。遗憾的是，计算机程序仍然无法在第三行莫尔斯电码的解码结果中找到有意义的词语。

时间又过了半年，2015 年 7 月 1 日，知友 @Hotaru 进一步指出了两个关键问题。其一，第三行莫尔斯电码中给出的空格是没有意义的，属于误导信息。其二，第三行可能是一句表白。通过这种逆向思维法，知友 @Hotaru 大胆猜测，第三行莫尔斯电码 "0001001110001001010001101100000001000100101000110110000110001000100" 的开始部分 "00010011100010" 可以分隔为 "00/0100/111/0001/0"，即 "I LOVE"；结尾部分 "000110001000100" 可以分隔为 "00/011/00/0100/0100"，即 "I WILL"。知友 @Hotaru 还发现，第三行莫尔斯电码的中间一部分 "10110000" 可以分隔为 "1011/0/000"，即 "YES"。但是，对于其余部分的莫尔斯电码，知友 @Hotaru 无法找到有意义的解码结果。

同日，顺着知友 @Hotaru 的思路，知友 @ 刘巍然 – 学酥进一步破解出了一些有意义的结果。他认为第三行莫尔斯电码中间部分出现的 "10110000" 不应该解码成 "YES"，而是另有其意。此外，他还发现第三行中间部分有非常长的一段是重复的，即 "00010011100010/0101000110110/0000000100010/010100011 0110/000110001000100"。结合第三行莫尔斯电码开始部分和结尾部分解码出的结果，知友 @ 刘巍然 – 学酥猜测 "0101000110110" 表示的可能是人名。通过调用所编写的计算机程序，"0101000110110" 一共有 2551 个可能的解码结果。人工搜索后，唯一有意义的解码结果为 "0/10/100/01/1/01/10"，即 "ENDA TAN"。而两个 "0101000110110" 中间的莫尔斯电码 "0000000100010" 可以分隔为 "00/0000/01/0001/0"，即 "I HAVE"。知友 @ 刘巍然 – 学酥利用计算机程序，最终找到了第三行莫尔斯电码的一种有意义的解码结果，即：I LOVE ENDA TAN，I HAVE ENDA TAN，I WILL。至于故事的男主人公是不是这位叫 "ENDA TAN" 的人，就不得而知了。

本以为这样一个圆满的爱情故事就这样书写完毕了，但事情又出现了新的转折。2017 年 5 月 20 日，知友 @Hotaru 提出了一种新的解码思路。他指出，"EA"的莫尔斯电码表示"001"还可以同时表示为英文字母"U"。同样地，在"WAT"的莫尔斯电码"011011"中，如果去掉前面的"01"，则剩余部分为"1011"，解码结果为英文字母"Y"。这样，就可以在知友 @ 刘巍然 – 学酥的解码结果中移除"ENDA TAN"，通过类似藏头诗的方式，得到有意义的解码结果：I LOVE U ALWAYS，HAVE U ALWAYS，I WILL。解码结果如图 1.3 所示。

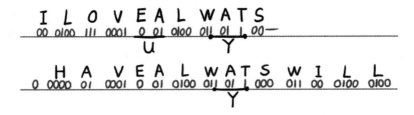

图 1.3　知友 @Hotaru 提供的另一种解码结果

无论以上哪种解读方法是正确的，都不影响隐藏在这段莫尔斯电码背后的美好爱情故事。

显然，移除莫尔斯电码中的"空格"或"停顿"会导致灾难性的后果。另一种看似可行的解决方案是：同样增加一个用于表示空格的莫尔斯电码。那么，用哪个莫尔斯电码表示空格呢？鉴于空格在莫尔斯电码中出现的频率很高，对于出现频率很高的字符，应该使用比较短的莫尔斯电码表示方法，否则会导致编码后的结果过长，影响信息发送的效率。但是，较短的莫尔斯电码已经被"E""T""A""I""M""N"等字符占用了。因此，不得不使用稍长的莫尔斯电码表示空格。然而，即使使用新的莫尔斯电码表示空格，同样会遇到"解码错误"的情况，导致解码困难。随着计算机技术的发展，人们迫切需要新的编码方法，其不仅适用于远距离通信，还适用于数据存储。

1.1.3 波特码与 ASCII 码

之所以需要用"空格"或"停顿"分割一段莫尔斯电码，其核心原因是：每个字符所对应的莫尔斯电码长度各不相同，很容易因为分割位置错误导致多种解码结果。既然如此，我们让每一个字符对应的编码都一样长，这样不就形成了一个固定的编码分割方式了吗？早在计算机诞生之前的 1874 年，便有人提出过这样的编码方式，这便是法国电报工程师 E. 波特（E. Baudot）提出的波特码（Baudot Code）。与莫尔斯电码不同，波特码固定使用五个"0"和"1"的组合表示一个字符。在看到用波特码编码的信息时，信息接收方需要以 5 为单位对"0"和"1"进行分割，并将分割出的"0"和"1"组合逐个恢复成字符，这样就不需要使用特殊的"停顿"或"空格"符号分割字符了。波特码最初使用"＋"和"－"表示字符，而非"0"和"1"。为使其适用于计算机，人们只需要进一步规定"＋"表示"1"，"－"表示"0"即可。

举例来说，当收到一串波特码"－＋＋－－＋＋－＋＋＋＋＋＋－－＋＋＋－＋＋＋－－－－＋－－＋＋＋－－－－＋－－"时，首先以 5 为单位进行分割，得到"－＋＋－－，＋＋－＋＋，＋＋＋－－，＋＋＋－＋，＋＋－－－，－－＋－－，＋＋＋－－，－－＋－－"。随后，查阅图 1.4 给出的波特码编码表，得知"－＋＋－－"表示"I"、"＋＋－＋＋"表示"L"、"＋＋＋－－"表示"O"、"＋＋＋－＋"表示"V"、"＋＋－－－"表示"E"、"－－＋－－"表示"Y"、"＋＋＋－－"表示"O"、"－－＋－－"表示"U"，最终得到解码结果：I LOVE YOU。

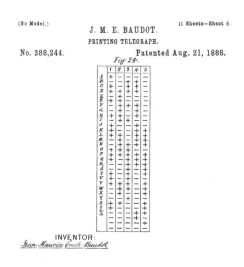

图 1.4　1888 年波特码早期版本的专利书（含波特码编码表）

讲到这里，有必要介绍一些计算机中的"行话"，也就是计算机科学中的一些专业术语了。前文曾提到，计算机只能识别"0"和"1"两个符号。无论被存储、处理、发送的文件是文字、图片、音乐、视频，还是其他各种各样的形式，计算机都会先把它们转换成"0"和"1"后再进行存储、处理或发送。因此，存储、处理或发送"0"和"1"的个数成为衡量计算机性能的重要指标。

既然是个指标，总得有个指标对应的单位吧？例如，长度的标准单位为米（m），还有毫米（mm）、厘米（cm）、千米（km）等辅助单位；时间的标准单位为秒（s），还有毫秒（ms）、分钟（min）、小时（h）等辅助单位；质量的标准单位为千克（kg），还有克（g）、吨（t）、磅（lbs）等辅助单位。那么，计算机中衡量"0"和"1"个数的指标所对应的单位是什么呢？

在计算机领域，把能存储、处理或发送"0"和"1"的个数作为一个标准单位，叫作比特（bit），也称为"位"，简记为"b"。在日常生活中总会听到诸如"我的台式机是 64 位的""我的笔记本是 32 位的"等类似描述。64 位、32 位指的就是计算机进行一次运算时处理"0"和"1"的总个数。比特也有自己的辅助单位，称为字节（Byte），简记为"B"。计算机领域规定 8b ＝ 1B。比特所涉及的其他一些辅助单位还有千字节（KB）、兆字节（MB）、吉字节（GB）、太字节（TB）、拍字节（PB）等。

在长度单位中，1000 毫米等于 1 米（1000mm = 1m）、1000 米等于 1 千米（1000m = 1km）。单从辅助单位的名称上看，1000 字节似乎应该等于 1 千字节、1000 千字节似乎应该等于 1 兆字节。但事实并非如此，字节、千字节、兆字节等并不像毫米、米、千米一样以 1000 为单位划分，而是以 1024 为单位划分。也就是说，1024 字节等于 1 千字节（1024B = 1KB）、1024 千字节等于 1 兆字节（1024KB = 1MB），以此类推。

为何要以 1024 这样一个奇怪的数为单位划分呢？这是因为 $1024 = 2^{10}$，在二进制下恰好可以用"1"和 10 个"0"表示。有的读者朋友可能听过这样一个冷笑话：有人找程序员借 1000 元钱，程序员说："凑个整，给你 1024 元吧！"程序员用 1024 凑整的梗便由此而来。

在日常使用计算机的过程中，我们总是能听到这些单位。称一个 U 盘存储空间大约为 2GB，指的是这个 U 盘最多可存储 $2GB = 2^{10}MB = 2^{20}KB = 2^{30}B = 2^{33}b$ 的信息，即这个 U 盘最多可存储 2^{33} 个"0"和"1"的组合。称一个移动硬盘的存储空间大约为 1TB，指的就是这个移动硬盘最多可存储 $1TB = 2^{10}GB = 2^{40}B = 2^{43}b$ 的信息，即这个移动硬盘最多可存储 2^{43} 个"0"和"1"的组合。称下载速度为 1MB/s，指的是计算机每秒钟可以从互联网上下载 $1MB = 2^{20}B = 2^{23}b$ 的信息，即计算机每秒可以收到 2^{23} 个"0"和"1"的组合。

在安装宽带的时候，网络运营商告知"网速可以达到 30M/s"，但实际的下载速度最高也就能到 3M/s 至 4M/s，网络运营商是否在欺骗我们呢？网络运营商所说的 30M/s 实际指的是 30Mb/s，也就是每秒钟计算机可以从互联网上下载 $30Mb = 30 \times 2^{20}b$ 的信息。如果把 30Mb 以 MB 为单位换算，就有 30Mb = 30/8MB = 3.75MB，因此 30Mb/s 网速的最大下载速度差不多就是 3~4MB/s，网络运营商并没有在欺骗我们。

继续回顾编码的发展历程。虽然波特码克服了莫尔斯电码的最大缺点，但是以五个"0"和"1"为一组，即以 5 位为一组进行编码还是不够用。利用高中数学中的排列组合知识可以算出，五个"0"和"1"放在一起最多也就能表示 $2^5 = 32$ 个字符：00000、00001、00010、00011、…、11100、11101、11110、11111。英语中，大小写字母合计就有 52 个字符，超过了波特码所能表示字符数的最大范围。为让波特码可以表示更多的字符，波特进一步对波特码进行了优化，修改为以 6 位为一组表示一个字符，这样便可表示英语大写字母（26 个）、小写字母（26）个、数字（10 个），再加上英语标点符号"，"和"."了。

为了让波特码表示更多的字符，计算机科学家开始尝试以 7 个"0"和"1"为一组编码字符。这种表示方法即为美国信息互换标准代码（American Standard Code for Information Interchange）——ASCII 码了。表 1.4 给出了 ASCII 码的编码规则。ASCII 码自推出以来得到了计算机制造商的广泛认可，最终成了国际标准。

表 1.4　ASCII 码对照表

编码	意义	编码	意义	编码	意义	编码	意义
0000000	空字符	0000001	标题开始	0000010	正文开始	0000011	正文结束
0000100	传输结束	0000101	请求	0000110	收到通知	0000111	响铃
0001000	退格	0001001	水平制表符	0001010	换行键	0001011	垂直制表符
0001100	换页键	0001101	回车键	0001110	取消上挡键	0001111	上挡键
0010000	数据链路转义	0010001	设备控制 1	0010010	设备控制 2	0010011	设备控制 3
0010100	设备控制 4	0010101	拒绝接收	0010110	同步空闲	0010111	结束传输块
0011000	取消	0011001	媒介结束	0011010	代替	0011011	换码（退出）
0011100	文件分隔符	0011101	分组符	0011110	记录分隔符	0011111	单元分隔符
0100000	空格	0100001	!	0100010	"	0100011	#
0100100	$	0100101	%	0100110	&	0100111	'
0101000	(	0101001	)	0101010	*	0101011	+

编码	意义	编码	意义	编码	意义	编码	意义
0101100	,	0101101	—	0101110	.	0101111	/
0110000	0	0110001	1	0110010	2	0110011	3
0110100	4	0110101	5	0110110	6	0110111	7
0111000	8	0111001	9	0111010	:	0111011	;
0111100	<	0111101	=	0111110	>	0111111	?
1000000	@	1000001	A	1000010	B	1000011	C
1000100	D	1000101	E	1000110	F	1000111	G
1001000	H	1001001	I	1001010	J	1001011	K
1001100	L	1001101	M	1001110	N	1001111	O
1010000	P	1010001	Q	1010010	R	1010011	S
1010100	T	1010101	U	1010110	V	1010111	W
1011000	X	1011001	Y	1011010	Z	1011011	[
1011100	\	1011101	]	1011110	^	1011111	_
1100000	'	1100001	a	1100010	b	1100011	c
1100100	d	1100101	e	1100110	f	1100111	g
1101000	h	1101001	i	1101010	j	1101011	k
1101100	l	1101101	m	1101110	n	1101111	o
1110000	p	1110001	q	1110010	r	1110011	s
1110100	t	1110101	u	1110110	v	1110111	w
1111000	x	1111001	y	1111010	z	1111011	{
1111100			1111101	}	1111110	~	1111111	删除符

　　现代计算机仍然在使用 ASCII 码。如果不特别指定所使用的编码规则，且文档中只包含英语字母和数字，那么 Windows 操作系统中自带的"记事本"应用便会自动以 ASCII 编码并存储这个文档。想要验证这一点，需要借助特殊的软

件或工具。其中一种工具是免费软件 Notepad ＋＋，并需要安装必要的插件 [①]。在 Windows 操作系统中创建一个新的记事本文档，并在文档中随便输入一些英语字符，这里输入的内容是：This is a nodepad file encoded by ASCII.（这是一个用 ASCII 编码的记事本文档）。接下来，使用 Notepad ＋＋打开这个文档，显示结果如图 1.5 所示 [②]。对照表 1.4 中给出的 ASCII 码编码规则，就可以发现编码的对应关系了。值得注意的是，在"file"和"encoded"的 ASCII 码之间多出了"0d"（也就是 0001101）和"0a"（也就是 0001010）这两个字符。对照表 1.4，可以看出这两个字符的意思分别为"回车键"和"换行键"，这也是为什么 Windows 操作系统中自带的"记事本"应用会知道要在单词"file"后换行，再显示"encoded"。

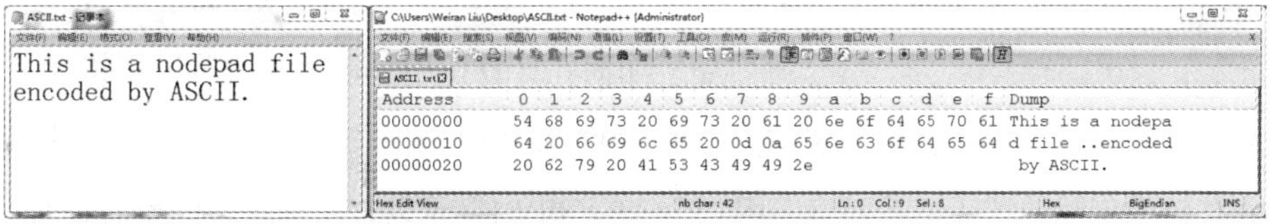

图 1.5 使用 ASCII 码存储仅包含英语字母的 Windows 记事本文档

在知乎问题"情人节收到一串数字密码，请高手翻译：74.101.32.116.105.109.101.33？"中，74 正是英语字母 J 的 ASCII 码表示。对照表 1.4，就会发现 J 正好是表的第 74 个字符。应用相同的方式对问题中的 ASCII 码进行解码，最终可以得到如表 1.5 所示的解码结果。解码结果"Je time!"正是法语"Je t'aime!"——"我爱你！"的意思。原来看懂别人的表白不仅需要学习密码，还需要学习除汉语、英语外的其他语言。

---

① Notepad ＋＋可以以字节形式打开文件，从而帮助读者朋友了解计算机存储文件的形式。

② Notepad ＋＋使用 Base16 表示一串"0"和"1"，别急，后面会讲到什么是 Base16。

表 1.5　74.101.32.116.105.109.101.33 的对应关系

密码	74	101	32	116	105	109	101	33
ASCII 码	1001010	1100101	0100000	1110100	1101001	1101101	1100101	0100001
破解结果	J	e	空格	t	i	m	e	!

1.1.4　琳琅满目的各国编码标准

七个 "0" 和 "1" 总共可以表示 $2^7 = 128$ 个字符，这对于英语字符来说已经足够了。然而，世界上并不只有英语这一种人类语言。人类语言各式各样，使用的字符也互不相同。举例来说，德语中除英语字母外，还包含四个非英语字母：ä、ö、ü 和 ß。在数学公式中会经常见到用希腊字母表示参数或变量的情况。希腊语中的小写字母分别为 α、β、γ、δ、ϵ、ζ、η、θ、ι、κ、λ、μ、ν、ξ、ο、π、ρ、σ、τ、υ、φ、χ、ψ、ω。如何在计算机中表示这些非英语字符呢？解决方法还是一样的：进一步用更多的 "0" 和 "1" 表示每个字符。对于在欧洲分布较为广泛的拉丁语系而言，用八个 "0" 和 "1" 足以表示其包含的所有符号。为了让计算机可以正确存储并显示自己国家的语言，各国分别提出了自己的编码标准：支持阿拉伯语的 Latin/Arabic 编码、支持希腊语的 Latin/Greek 编码、支持泰语的 Latin/Thai 编码，等等。

与字母的数量相比，汉字的数量多到可怕，如何在计算机中表示汉字呢？据统计，1994 年，汉语大约包含 85 000 个汉字，其中约有 2400 个字为常用字，能够应对约 99% 的日常汉语使用场景。然而，八个 "0" 和 "1" 最多也就能表示 $2^8 = 256$ 个字符，对于 2400 个汉字来说还是小巫见大巫了。为了解决这个问题，中国国家标准总局专门推出了一套中文编码标准，称为 GB2312 标准[①]。GB2312 收录了简体中文、符号、字母、日文假名等共计 7445 个字符，基本满足汉语的日常使用需求。GB2312 使用 16 个 "0" 和 "1"，也就是两个字节来表示一个汉

---

① GB 为中文 "国标" 的拼音首字母缩写。

字。这意味着 GB2312 理论上最多可以表示 $2^{16} = 65\,536$ 个字符。

然而，GB2312 中的 7445 个字符只涵盖了简体中文。如何在计算机中表示在中国香港与台湾地区经常使用的繁体中文呢？为此，台湾地区推出了繁体中文编码标准，称为大五码①。大五码同样使用两个字节表示一个繁体汉字，共收录了 13461 个汉字和符号。为了让计算机可以正确存储并显示更多的汉字，中国②于 1995 年推出了 GBK 标准③、于 1993 年将 GBK 改进为 GB13000.1 标准，又于 2005 年进一步将 GB13000.1 改进为 GB18030 标准。至此，所有汉字基本上都有了自己对应的编码。

很多编码已经随着时代的发展而逐渐被淘汰。不过，如今我们还是可以在计算机中寻找到它们曾经存在的蛛丝马迹。在微软（Microsoft）推出的办公软件 Microsoft Word 2010 中，依次点击【文件】→【选项】，在打开的对话框中选择【高级】，点击【常规】标签中的【Web 选项（P）...】按钮，在【编码】标签页的【将此文档另存为（S）:】中，就可以看到绝大多数历史上存在过的编码标准了，如图 1.6 所示。

---

① 之所以称为大五码，是因为此标准是 1984 年由台湾财团法人信息工业策进会联合五大软件公司制定的。这五大软件公司分别为宏碁（Acer）、神通（MiTAC）、佳佳（JiaJia）、零壹（Zero One Technology）、大众（FIC）。

② GBK 标准由中华人民共和国全国信息技术标准化技术委员会制定，GB13000.1 标准由中华人民共和国信息产业部制定，GB18030 标准由国家质量监督检验总局和中国国家标准化管理委员会发布，这里统一为"中国"制定和发布。

③ GBK 为中文"国标扩展"的缩写。

图 1.6　Microsoft Word 2010 中支持的部分编码标准

1.1.5　Unicode 与 UTF

20 世纪中后期，互联网的诞生让世界进入了全球通信时代。然而，由于各国的计算机使用各国自己的编码，不同国家计算机间利用互联网传输信息时，会出现令人头痛的乱码（Gibberish）问题。例如，一个国家的计算机上处理的文本文件在另一个国家的计算机上打开时，字符根本无法正常显示。

下面用一个很简单的例子来展示一下乱码的威力。在 Windows 操作系统上建立一个"记事本"文档。在文档中输入汉字"联通"后，依次在菜单栏中选择【文件（F）】→【另存为（A）...】，并在弹出的对话框下方，将【编码（E）:】选择为 ANSI[①]。关闭此文档后再打开此文档，会发现字符无法正确显示，如图 1.7 所示。

图 1.7 Windows 记事本中的乱码现象

为了彻底解决这个令人头疼的问题，一群计算机科学家自发组织起来，致力于创造一种全世界通用的编码标准。经过不懈的努力，这样一个编码标准于 1991 年诞生，被称为统一编码标准，即 Unicode 标准。全世界的计算机操作系统和应用程序均逐渐支持 Unicode 标准，从而根本上解决了乱码问题。截至 2016 年 6 月，Unicode 总共包含了 128 237 个字符，基本覆盖了全世界各个国家语言的字符。

2017 年 5 月 18 日，Unicode 组织在其官方网站上宣布，表情符号（Emoji）的 Unicode 编码标准制定工作已经进入最终阶段。未来，人们日常聊天中使用的表情符号也有了其对应的 Unicode 编码。图 1.8 给出了部分收录于 Unicode 的表情符号。

图 1.8 部分收录于 Unicode 的表情符号

---

① ANSI 是指让操作系统使用本国独有的字符编码标准，在简体中文 Windows 操作系统中，ANSI 编码为 GBK。

当然，人们在日常生活中已经广泛使用表情符号了。难怪英国著名互联网媒体公司 UniLad 在其社交网络官方账号上推送了图 1.9 的图片，并吐槽道：

4000 年后，我们用回了同一种语言……

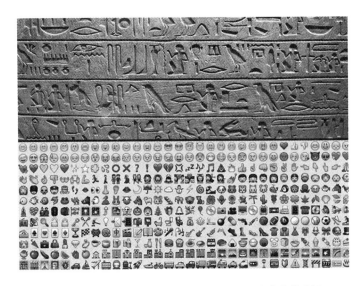

图 1.9　UniLad 公司在其社交网络官方账号上发出的感慨

Unicode 在使用过程中还存在一个问题。Unicode 并不是统一用相同数量的"0"和"1"来表示每个字符的。Unicode 一般使用 8 个"0"和"1"表示英语字母，用 16 个"0"和"1"表示日常使用的汉字，用 24 个"0"和"1"表示表情符号。该如何让计算机知道连续多少个"0"和"1"表示的是一个字符呢？计算机科学家进一步提出了统一编码变换格式（Unicode Transformation Format，UTF）的标准来解决这个问题。UTF 标准一共包含三种格式，分别为 UTF-8、UTF-16 和 UTF-32。结合 UTF 和 Unicode，全世界计算机所使用的编码完成了统一，人们终于可以使用计算机愉快而流畅地通信，而不用担心乱码问题了。

如今日常生活中无处不在的二维码（Two-Dimensional Code）其实就使用了

Unicode 和 UTF 编码标准[1]。二维码是由一个个黑色方格和白色方格组成的正方形点阵，其中黑色方格表示"1"，白色方格表示"0"。扫描二维码时，得到的就是用黑色方格和白色方格表示的一串"0"和"1"。使用 Unicode 解码这一串"0"和"1"，就能得到二维码背后隐藏的信息了。图 1.10 中的二维码包含了一段使用 Unicode 和 UTF-8 编码的中文字符，试着用手机扫一扫，看看这个二维码中包含了什么信息？

图 1.10　试着扫一扫这个二维码，看看扫描结果是什么？

1.1.6 Base16、Base32 与 Base64

现在人们已经拥有了一个全球通用的编码来解决乱码问题。但在使用计算机进行通信时，还会遇到字符显示格式不准确的问题：明明从网页上复制了排版很规范、格式很漂亮的一段文字，但粘贴到 Microsoft Word 里之后，文字段落的格式却全都乱套了！造成这一现象的原因是，粘贴文字时，用于表示字体大小、字体颜色、段落格式等内容的信息都没有被粘贴过来。在这种情况下，就十分有必

[1] 二维码标准中制定了多种编码模式：数字编码模式（Numeric Mode）、字符编码模式（Alphanumeric Mode）、字节编码模式（Byte Mode）、日文编码模式（Kanji Mode）、扩展信道解释模式（Extended Channel Interpertation Mode）、混合编码模式（Structured Append Mode）、FNC1 模式（FNC1 Mode），字节编码模式和混合编码模式中可以使用 Unicode 和 UTF 进行编码。

要把格式信息也转换成人类看得见的字符。能不能提出一种方法，在复制和粘贴网页上文字的时候，把这些显示不出来的"0"和"1"也转换成能正常显示的字符呢？

为了解决这个问题，计算机科学家设计了多种方法，试图将任意的"0"和"1"转换成可以正常显示的符号。最简单的方法是，将"0"和"1"每四个分成一组，将这 $2^4 = 16$ 种可能的组合分别用 0~9 和 A~F 这 16 个字符表示，如表 1.6 所示。

表 1.6　位序列的十六进制表示

位序列	0000	0001	0010	0011	0100	0101	0110	0111
表示法	0	1	2	3	4	5	6	7
位序列	1000	1001	1010	1011	1100	1101	1110	1111
表示法	8	9	A	B	C	D	E	F

这就是位序列的十六进制（Hexadecimal）表示，或称 Base16 表示。举个例子，要用 Base16 表示一串位序列"0110011011111001110111000010011100001 00"。首先，将"0"和"1"按顺序每 4 个分成一组，得到"0110, 0110, 1111, 1001, 1101, 1100, 0001, 0011, 1000, 0100"。随后，用 0~F 分别替换每组中的"0"和"1"，得到"66F9DC1384"。这样表示是不是就简单多了？将 Base16 编码的"0"和"1"恢复成原始状态也很简单。在图 1.5 中，我们曾经用 Notepad＋＋打开了一个记事本文档，里面显示的内容为"54, 68, 69, 73, 20, 69, 73…"。根据编码规则，5 表示的是 0101，4 表示的是 0100，分别进行替换，就可以得到"01010100, 01101000, 01101001, 01110011, 00100000, 01101001, 01110011…"，再检查表 1.4 给出的 ASCII 码对照表，就知道这个记事本文档存储的是"This is…"了。之所以把这种编码方法叫作 Base16，正是因为一共用了 16 个看得见的字符来表示一串"0"和"1"。

Base16 看起来不错，但 Base16 只使用了 0~F 这 16 个字符。有没有一种表示方法，能把所有看得见的字符都用上呢？如果能都用上的话，显示结果看起来可能会更美观一些。遵循这样的思路，人们又提出了用 32 个看得见的字符表示一串 "0" 和 "1" 的编码方法，以及用 64 个看得见的字符表示一串 "0" 和 "1" 的编码方法。这两种编码方法分别叫作 Base32 和 Base64。Base32 使用了数字 2~7、大写字母 A~Z，共 32 个字符表示一串 "0" 和 "1"，还使用特殊的字符 "=" 作为填充符。还有一种 Base32 的变种，叫作 Base32hex，它使用了数字 0~9、大写字母 A~V，这 32 个字符表示一串 "0" 和 "1"，同样使用 "=" 作为填充符[1]。与 Base32 对应，Base64 使用数字 0~9、大写字母 A~Z、小写字符 a~z、加号 "+" 和反斜杠 "/" 这 64 个字符表示一串 "0" 和 "1"，同样也使用 "=" 作为填充符。还有一种 Base64 的变种，叫作 Base64url，它用减号 "—" 和下划线 "_" 替代了 Base64 中的加号 "+" 和反斜杠 "/"[2]。

在扫描一个二维码后，手机经常会自动打开一个网页，这又是怎么做到的呢？实际上，用手机打开的每一个页面，包括微信公众号文章、知乎日报里面的文章、微博上的文章，都有一个与之对应的网页链接。扫描二维码时，如果解码结果对应的是一个网页链接，手机就会自动访问这个链接。既然是个网页链接，链接地址必须要用看得见的字符来表示，这时候就要用到 Base16、Base32 或者 Base64 了。

微信公众号文章所对应的网页链接便使用了 Base64 进行编码。下面我们一起来制作一个微信公众号文章对应的二维码，让手机扫描这个二维码后可以自动访问此微信公众号文章。知乎于 2017 年 5 月 13 日在微信公众号上推送了一篇文章：《面对这场波及全球的网络病毒攻击，我该怎么做？》。复制文章的链接地址，这个链接的结尾 "–TliR5YLiN_qFQwNn80Dng" 就是使用 Base64url 表示的。接下来，在网络上搜索一个在线二维码生成器。这里使用的是"草料文本二维码生成器"，将链接地址输入到文字框中，生成对应的二维码，如图 1.11 所示。用手机扫一扫所生成的二维码，就能自动跳转到知乎微信公众号推送的这篇文章了。

---

① Base32hex 是为了充分使用 Base16 中使用的符号，即 0~F。

② Base64url 是为了避免使用反斜杠 "/"，这是因为描述文件路径、网页地址时会用到反斜杠 "/"。

图 1.11 扫一扫这个二维码，会跳转到知乎微信公众号推送的文章

有关编码的内容就讲解到这里。与真正意义上的密码相比，编码只要掌握其规律，就可以很容易判断出所使用的编码方法，从而恢复出隐藏在编码中的信息。如果想向心仪的人含蓄表白，又能让人较为轻松地得知你的心意，编码不失为一种不错的方式。

1.2 换个位置：移位密码

我们正式开启古典密码学之旅。古典密码学主要包含两种设计思想：移位（Shift）和代换（Substitution）。应用移位思想设计出的密码称为"移位密码"（Shift Cipher）。应用代换思想设计出的密码称为"代换密码"（Substitution Cipher）。本节主要介绍移位密码的设计思想。

在旅途的开始，首先介绍一些密码学中的专有名词。在密码学中，加密前的原始信息称为明文（Plaintext），加密后的信息称为密文（Ciphertext）。把明文转换为密文的过程称为加密（Encrypt），把密文恢复成明文的过程称为解密（Decrypt）。大多数加密和解密过程都涉及一个只有加密/解密双方才知道的秘密信息。只有拥有这个秘密信息，才可以正确解密密文。密码学中将这个秘密信息称为密钥（Key）。所谓破解，或称密码分析（Cryptanalysis），是指在不知道密钥的条件下，从密文中得到与明文相关的一些信息，恢复出部分甚至完整的明文。

1.2.1 移位密码的起源：斯巴达密码棒

所谓移位密码，就是扰乱明文中的字符顺序，让密文看起来毫无意义。早在公元前 404 年，古希腊军事重镇斯巴达就有人使用了移位密码——斯巴达密码棒（Skytale）。据称，当时用斯巴达密码棒加密的密文最终发送给了古希腊军事家来山得（Lysander），明文的意思是向来山得发出警告，告诉他来自波斯的法那巴佐斯（Pharnabazus）正在计划袭击斯巴达。斯巴达密码棒的英语 "Skytale" 的另一种写法为 "Scytale"，这是因为斯巴达密码棒这个名词在希腊语中的写法为 "Σκνταλє"。

斯巴达密码棒是一根木质的棒子。加密时，发送方把羊皮纸或者皮革带一圈接一圈地缠绕在密码棒上，然后沿着棒子的方向逐行写下明文。信息写完后，将羊皮纸或者皮革带从密码棒上取下来，就得到了一个看上去毫无意义的字母带，即密文。接收者收到字母带后，将字母带缠绕在自己的密码棒上。只要接收者和发送者所用的密码棒粗细相同，接收者就可以方便地解密密文。斯巴达密码棒本身可以看作加密中使用的密钥。

下面用一个例子来解释一下斯巴达密码棒的使用方法。假设明文为：THE SCYTALE IS A TRANSPOSITION CIPHER（斯巴达密码棒是一种移位密码）。按照图 1.12 的方法将纸带缠绕在密码棒上，逐行写下明文。写好后，将纸带从密码棒上取下来，结果就呈现为：TNS EHCPIEI OS S PSACHITYETRTR IAAONL。斯巴达密码棒的加密方法本质上就是打乱明文的字母顺序。加密时横向书写明文，每行字母的数量由纸带的长度决定。写好明文后，按照从下至上、从左至右的顺序抄写字母，即可得到上文中提到的密文。

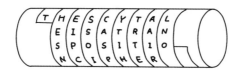

图 1.12 斯巴达密码棒的使用方法

大多数密码科普读物都把斯巴达密码棒作为古典密码学的经典实例。美国密码协会（The American Cryptogram Association）甚至将其作为该协会的会标核心组成元素，如图1.13所示。但是，历史上斯巴达密码棒到底是不是用于加密，至今仍然存疑。希腊历史学家T.凯利（T. Kelly）对于斯巴达密码棒的用途就持有不同的观点。他认为，斯巴达密码棒英语"Scytale"的本意只是"明文"或"存储文字的工具"，斯巴达密码棒被用于加密可能只是一种误解。至于事实究竟如何，可能只有回到公元前404年才能找到答案了。

图1.13 美国密码协会会标

1.2.2 栅栏密码

在移位密码中，扰乱字母位置生成密文的方式多种多样。比较简单的扰乱方法是在明文中树立一个个"栅栏"，沿着栅栏树立的方向重写明文以得到密文。一般称此类密码为栅栏密码（Rail-fence Cipher），或称列移位密码（Columnar Transposition Cipher）。

最简单的栅栏密码是按照Z字形线路撰写明文，最后横向重写明文以得到密文。此类栅栏密码属于两栏栅栏密码。假定明文为TRANSPOSITION CIPHERS（移位密码），按照Z字形撰写明文，便得到：

```
T   A   S   O   I   I   N   I   H   R
  R   N   P   S   T   O   C   P   E   S
```

按照从左至右、从上至下的顺序重写明文，得到密文：TASOIINIHRRNP

STOCPES。

当然，栅栏并不一定非要设置成两栏，还可以设置成三栏、四栏，甚至更多。如果把栅栏扩大到四栏，按照 Z 字形线路撰写明文 TRANSPOSITION CIPHERS，得到：

按照从左至右、从上至下的顺序重写明文，得到密文：TONRRPSOCESAS IIIHNTP。

也不一定非要按照 Z 字形线路撰写明文。最常见的栅栏密码其实是把明文写成栅栏形式，再沿着另一个方向重写明文。这类密码也称为格栅密码（Grille Cipher），由意大利数学家 G. 卡尔达诺（G. Cardano）发明。仍然假定明文为 TRANSPOSITION CIPHERS，将明文写成 5×4 的格栅形式，得到：

T	R	A	N	S
P	O	S	I	T
I	O	N	C	I
P	H	E	R	S

按照从上至下、从左至右的顺序重写明文，得到密文：TPIPROOHASNEN ICRSTIS。当然，还可以按照其他顺序重写明文。如果自下向上、自右向左重写明文，可得到密文：SITSRCINENSAH OORPIPT。这个密文要比前者更具隐蔽性。

细心的读者可能会发现，明文恰好包含 20 个字母，这才能恰好把明文写成大小为 5×4 的格栅形式。如果明文长度不为 20 个字母，该如何设计格栅呢？实际上，可以根据明文的长度随意设置格栅的长度和宽度。如果密文包含 72 个字母，则可以将格栅设计为 2×36、3×24、4×18、6×12、8×9、9×8、12×6、18×4、24×3、36×2 等多种形式。

如果明文长度无法分解成整数相乘的形式，可在明文后面随意补充字母，将明文扩充到适当的长度。最常见的扩充字母为 X，因为 X 在英语中出现的频率最低。然而，正是由于 X 在英语中出现的频率最低，因此想要破解格栅密码的人看到密文后，很容易猜测出 X 是扩充字母，进而可能猜测出格栅形式，从而完成破解。更加安全的方法是使用英语中常见的字母扩充明文，如 E、T 等，这样得到的密文会更具隐蔽性。仍然假定明文为 TRANSPOSITION CIPHERS，如果想使用 5×5 的格栅形式，可以在明文后面随意扩充字母，如用字母 KETWO 扩充明文，再将明文写成 5×5 的格栅形式，得到：

T	R	A	N	S
P	O	S	I	T
I	O	N	C	I
P	H	E	R	S
K	E	T	W	O

如果从上至下、从右至左重写明文，便可得到新的密文：STISONICRWASN ETROOHE TPIPK。

栅栏移位密码的原理非常简单。可以在栅栏的构造方法中使用非常复杂的技巧、使用多种明文重写顺序，以构造出多种多样的栅栏移位密码。

1.2.3 带密钥的栅栏移位密码

上述栅栏移位密码的特点是：无论如何设计栅栏、如何设计重写明文的顺序，只要密码破译者知道了栅栏的使用方法和重写明文的顺序，就可以轻易破解栅栏移位密码。因此，最好能在栅栏移位密码中嵌入密钥，让栅栏移位密码根据密钥决定重写明文的顺序，这样可以大大增加栅栏移位密码的隐蔽性。

以格栅密码为例，常见的密钥嵌入方法为：根据密钥确定格栅密码中各列重写的顺序。假定明文为 TRANSPOSITION CIPHERS，以自然对数 e = 2.7182818284… 为密钥。首先，将明文写成 5×4 的格栅形式。随后，从密钥 e 中得到格栅各列重写的顺序。e的前4位小数为7、1、8、2，第5位至第9位分别为8、1、8、2、8，这几个数字在前4位中已经出现过，因此移除。第10位为4，未在前4位中出现过，因此保留。最终，从自然对数e中得到了不重复的5个小数位7、1、8、2、4。接下来，将格栅的每一列分别用7、1、8、2、4编号，得到：

7	1	8	2	4
T	R	A	N	S
P	O	S	I	T
I	O	N	C	I
P	H	E	R	S

按照设置的编号顺序从小到大、从上至下重写明文，得到密文：ROOHNICRSTIST PIPASNE。

此外，还可以利用英语单词作为密钥。假定密钥为英语词组 MY KEYS（我的密钥），明文为 TRANSPOSITION CIPHERS，同样将明文写成5×4的格栅形式，移除密钥中重复出现的字母 Y 后，将格栅每一列用密钥中字母在英语字母表中出现的位置编号。MY KEYS 中的字母 M、Y、K、E、S 在英语字母表中的位置依次为13、25、11、05、19，用这5个数字作为格栅的每一列编号，得到：

13	25	11	05	19
T	R	A	N	S
P	O	S	I	T
I	O	N	C	I
P	H	E	R	S

按照设置的编号顺序从小到大、从上至下重写明文，得到密文：NICRASNETPIPS TISROOH。

虽然用这种方法嵌入密钥，可以扰乱格栅中列的重写顺序，但格栅中行的重写顺序仍然是固定的。还可以同时扰乱格栅中行和列的重写顺序，进一步提高隐蔽性。此类栅栏移位密码被称为双格栅移位密码（Double Transposition Cipher），其使用方法如下。仍然假定密钥为 MY KEYS，明文为 TRANSPOSITION CIPHERS。首先按照上文所述的方法扰乱格栅中列的重写顺序，得到密文 NICRASNETPIPS TISROOH。随后，将这个密文再次写成 5×4 的格栅形式，再将每一列用密钥 MY KEYS 编号。既然目的是要扰乱格栅中的行，为何这里仍然将每一列用密钥编号呢？读者朋友可以试一试将每一行用密钥编号后生成密文，相信在重写过程中就会发现问题所在。再次对列编号后，得到：

13	25	11	05	19
N	I	C	R	A
S	N	E	T	P
I	P	S	T	I
S	R	O	O	H

按照设置的编号顺序从上至下重写明文，得到最终的密文：RTTONSISCESOA PIHINPR。

利用相似的技巧还可以设计出更为复杂的双格栅移位密码。例如，可以使用不同的密钥扰乱格栅的列与行，也可以在扰乱格栅的列与行时使用不同的格栅。相比于只扰乱列顺序的移位密码来说，双格栅移位密码已经算是比较安全的一种加密方式了。美国密码学家 W. 弗里德曼（W. Friedman）也认为，双格栅移位密码是一种非常不错的加密方法。

1.2.4 其他移位密码

除了上述移位密码外，密码设计者还设计了很多有趣的移位密码，例如格子密码（Trellis Cipher）。格子密码也叫棋盘密码（Checkerboard Cipher），据称最早也是由卡尔达诺于 1550 年提出。最简单的格子密码如图 1.14 所示。加密时，首先将黑色格子置于棋盘左上角的方格中，在白色格子中从上至下、从左至右撰写明文。在撰写完 18 个明文字符后，将棋盘旋转 90°，白色格子就被置于棋盘左上角了。继续在白色格子中从上至下、从左至右撰写明文。最后，移除格子，从左至右、从上至下重写明文，就得到了密文。图 1.14 给出的就是用此格子密码加密明文"I WILL BE AT THE NATIONAL GRAND OPERA TODAY"（我今天在国家大剧院）的步骤，最终生成的密文为：A LDTT II RE ENA LLOHOOWA ARAYG BPEDN INTAT。

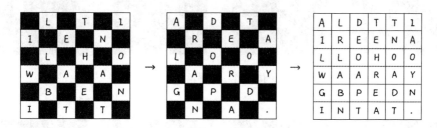

图 1.14　用格子密码加密明文

格子密码还存在很多变种：格子可以被设计得更复杂，格子数量可大可小。格子的使用方法也可以多种多样：可以按照任意角度旋转栅格，可以正反使用栅格，栅格的旋转中心点和旋转方向也可以随意设置。卡尔达诺在提出格子密码时，设计出的并不是图 1.14 所示的简单格子密码，而是一个更为复杂的格子密码。现在，一般把卡尔达诺所描述的这类格子密码统称为卡登格子（Cardan Grille）。之所以叫卡登格子，而不叫卡尔达诺格子，是因为卡尔达诺的法语名字为卡登（Cardan）。在 17 世纪的欧洲，法国红衣主教 C. 黎塞留（C. Richelieu）曾大量使用卡登格子密码加密信息。

卡登格子一共包含四种不同样式的棋盘，如图 1.15 所示。仔细观察会发现，四类格子的白色部分合并起来正好可以布满整个棋盘。加密时，从左至右分别将这四个格子放在棋盘上，在白色格子里面填入明文。明文填写完毕后，拿掉最后一个格子，棋盘上的内容就是密文了。图 1.16 演示了用卡登格子加密明文"THE ABILITY TO DESTROY A PLANET IS INSIGNIFICANT COMPARED TO THE POWER OF THE FORCE DARTH VADER"（与达斯·维德的原力相比，摧毁一个星球的能力微不足道）的步骤。从左至右分别在四个格子的白色格子里面填入明文（包括空格）。依次使用四个格子填写明文后，拿掉格子，得到密文，如图1.17 所示。

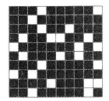

图 1.15　卡登格子

图 1.16　用卡登格子加密一段明文

T	F	C	H	O	P	M	
L	A	T	P	E	N		D	A	R
A	E	B	H	E	D	E	E	I	T
			L	F	O	I	I	R	T
C	Y	S	T		O		E	I	
N	D	S		T	A	O	R	T	I
H	G	E	T	N	I			F	H
	P	V	I	D	E	C	O	I	W
S	T	J	E	A	R	R	A	D	E
N	O	R	Y			T	O		A

图 1.17　卡登格子加密的密文结果

1.2.5　知乎上的移位密码破解实例

2015 年 1 月，一位知友收到了一个女生写给他的明信片，明信片中包含了一段读不懂的密码，如图 1.18 所示。该知友无奈在知乎上提了个问题"这串字符什么意思？"，向广大知友求助：

> 今天收到了暗恋的人的信啊！破解不了啊！求解啊！急啊！
>
> 字符是 MO UGILYT HWN OLH AIGVOIS TYEV NNHO.　　5×6 = 153246
>
> 之前也给她写过明信片，用了意大利语的 Ti a mo 表了个白，她也成功破解
>
> 了，现在给我发个这，不懂啊……
>
> 求破啊……

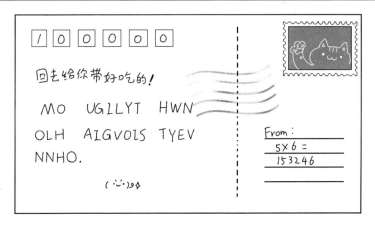

图 1.18　知乎问题"这串字符什么意思？"涉及的明信片

知友 @ 刘巍然 - 学酥无意中在浏览知乎"密码学"主题时看到了这个问题。他首先想到，哪些古典密码会涉及信息"5×6 = 153246"呢？"5×6 = 153246"后面的 6 个数恰好是从 1 到 6，也许暗示着阅读的顺序。是否能将密文等分为 6 组呢？算上空格，密文字符总个数是 35 个，并不能被 6 整除；不算空格，密文字符总个数是 29 个，也不能被 6 整除。难道这样想是不对的？

回过头来重新看看图 1.18 的明信片。注意到了吗？NNHO 后面还有一个字符"."，去除空格并算上这个"."的话，密文字符总个数恰好是 30 个字符，可以被 6 整除了！把密文的 30 个字符分成 5 组，得到"MOUGIL ／ YTHWNO ／

LHAIGV ／ OISTYE ／ VNNHO.",再按照 153246 的顺序读,结果得到:"MIUOGL ／ YNHTWO ／ LGAHIV ／ OYSITE ／ VHNNH."。虽然在第四个分组中含有一个有意义的单词"SITE",但是其他结果还是没有什么意义,破解失败。

明信片中的密码是否使用了格栅密码呢?当明文为30个字符时,可以将格栅的大小设置为 15×2、10×3、6×5、5×6、3×10、2×15 等六种形式。考虑到明信片中给出了"$5 \times 6 = 153246$"这样的提示,来试一试 5×6 的格栅。将字符划分成 5×6 的格栅,从左至右、从上至下撰写密文,得到:

M	O	U	G	I	L
Y	T	H	W	N	O
L	H	A	I	G	V
O	I	S	T	Y	E
V	N	N	H	O	.

最后一列是 Love!考虑到 153246 可能是列的顺序,依次对格栅的列编号,得到:

1	2	3	4	5	6
M	O	U	G	I	L
Y	T	H	W	N	O
L	H	A	I	G	V
O	I	S	T	Y	E
V	N	N	H	O	.

把格栅的列按照 1、5、3、2、4、6 的顺序重新排列,得到:

1	5	3	2	4	6
M	I	U	O	G	L
Y	N	H	T	W	O
L	G	A	H	I	V
O	Y	S	I	T	E
V	O	N	N	H	.

从上至下、从左至右的顺序重写密文，对应密文中的空格位置，最终得到破解结果：

```
MO  UGILYT  HWN  OLH  AIGVOIS  TYEV  NNHO.
MY  LOVING  YOU  HAS  NOTHING  WITH  LOVE.
```

这句话到底是什么意思？知友 @刘巍然 – 学酥咨询了很多英语专业的朋友，得到了不同的答案。有的朋友说：我爱你是我的事，你爱不爱我无所谓。有的朋友说：我爱你与爱情无关，只是朋友之间的爱。总之，希望这是一个美好的结果。

1.3 换种符号：代换密码

移位密码使用起来虽然方便，但密文的隐蔽性仍然不够好。这是因为移位密码只是扰乱了明文中的字符顺序，并没有修改字符本身。因此，如果知道了移位密码的加密方法，即使不知道密钥，也可以尝试用多种方式组合字符，从密文中得到部分明文的信息，甚至最终彻底破解移位密码。

虽然美国密码学家弗里德曼认为双格栅移位密码已经比较安全了，但他给出这一结论的时间是 1923 年 5 月，那时候计算机还没有诞生。如今，应用计算机暴力穷举所有可能的字母组合，并筛选出有意义的单词短语，便能轻而易举地破解移位密码。在计算机尚未诞生的 1934 年，美国数学家 S. 库尔贝克（S. Kullback）已经提出了双栅栏移位密码的通用破译方法。此方法起初并未被公诸于世，原因是当时很多密文都是通过移位密码加密的，公开破解方法可能会引发严重的后果。直到 1980 年，这一通用破解方法才被美国国家安全局（National Security Agency，NSA）公开。

为了设计出更加安全的密码，密码设计者进一步提出了一种新的古典密码设计思想：代换密码。代换密码的设计思想也很直观：既然可以扰乱明文中字符的位置，能不能"扰乱"这些字符本身？也就是说：能否把明文中的字符替换成其他的字符？

1.3.1 代换密码的起源：恺撒密码

代换密码的提出最早可以追溯到公元前100年至公元前50年的古罗马时期。根据罗马帝国历史学家G.苏埃托尼乌斯（G. Tranquillus）在《罗马十二帝王传》（*De Vita Caesarum*）的相关记载，古罗马将军和独裁者恺撒大帝曾经设计并使用过一种密码对重要的军事信息进行加密：

如果需要保密，信中便用暗号，也即是改变字母顺序，使局外人无法组成一个单词。如果想要读懂和理解它们的意思，得用第四个字母代换第一个字母，即以D代A，以此类推。

历史上把这个密码称为恺撒密码（Caesar Cipher）。

恺撒密码对明文中的字符进行了简单的代换处理，代换过程如图1.19所示。为了区分代换前和代换后的字母，后文统一用小写字母表示代换前的字母，用大写字母表示代换后的字母。如果明文是字母a，则将其向后代换三个字母，a被代换为D。同理，b被代换为E，c被代换为F，以此类推，直到w被代换为Z。对于明文中的字符x来说，向后代换三个字母后，字母已经超过了Z，因此返回到字母A。于是，x被代换为A，y被代换为B，z被代换为C。接收方得到密文后，把明文中的各个字符向前代换三个字母，就可以得到密文中隐藏的明文。

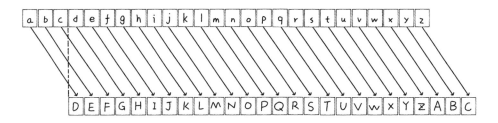

图 1.19　恺撒密码

举例来说，假定待加密的明文为transposition ciphers（移位密码），根据图1.19给出的代换方法，分别将t代换为W、r代换为U、a代换为D，以此类推，最终得到密文：WUDQVSRVLWLRQ FLSKHUV。相比于利用较为复杂的移位密码所得到的加密结果，代换密码加密得到的密文直观上更具有隐蔽性。

虽然看似更具有隐蔽性，但实际上恺撒密码的加密方法仍然过于简单，最核心的问题是字母代换的位数是固定的。不过，如此简单的加密方法在古罗马时代已经可以起到加密效果了。实际上，当时恺撒大帝面对的敌人大部分都目不识丁。即使是极少数识字的敌人，在看到恺撒密码的加密结果后，也很可能把密文当作某种未知的外语。根据现有的记载，在古罗马时代，没有任何技术能够破解这个最基本、最简单的代换密码。现存最早的恺撒密码破解方法记载于公元900年左右出版的著作之中。这种最简单的代换密码在1000年后才被破解，可见密码学发展初期，破解密码的难度是非常大的。

1.3.2 简单的代换密码

上文刚刚介绍过的恺撒密码就属于最基本的一种代换密码。代换密码就是把明文中的字符逐个替换为另一个字符。恺撒密码的字符代换表如表1.7所示。

表 1.7 恺撒密码的字母代换表

a	b	c	d	e	f	g	h	i	j	k	L	m	n	o	p	q	r	s	t	u	v	w	x	y	z
↓	↓	↓	↓	↓	↓	↓	↓	↓	↓	↓	↓	↓	↓	↓	↓	↓	↓	↓	↓	↓	↓	↓	↓	↓	↓
X	Y	Z	A	B	C	D	E	F	G	H	I	J	K	L	M	N	O	P	Q	R	S	T	U	V	W

恺撒密码中明文被逐个向后代换了三个字母，密码设计者进一步想到可以向后代换四个字母、五个字母，或者向前代换。在古典密码的历史长河中，密码设计者使用了很多不同的代换位数，构造了不同的密码，它们都属于恺撒密码的变种。最著名的代换位数为13，对应的加密方法叫作回转13位密码（Rotate by 13 Places，ROT13）。与恺撒密码相比，回转13位密码的最大特点是加密和解密的过程完全一致。加密时，将明文逐个向后代换13个字母；解密时，同样将密文逐个向后代换13个字母。之所以满足这个特性，是因为英语字母一共有26个，向后代换13个字母和向前代换13个字母的效果完全相同。回转13位密码的字母代换表如表1.8所示。

表 1.8　回转 13 位密码的字母代换表

a	b	c	d	e	f	g	h	i	j	k	l	m	n	o	p	q	r	s	t	u	v	w	x	y	z
↓	↓	↓	↓	↓	↓	↓	↓	↓	↓	↓	↓	↓	↓	↓	↓	↓	↓	↓	↓	↓	↓	↓	↓	↓	↓
N	O	P	Q	R	S	T	U	V	W	X	Y	Z	A	B	C	D	E	F	G	H	I	J	K	L	M

历史上，回转 13 位密码最早于 1982 年 10 月 8 日使用在当日张贴的 NetJokes 新闻组帖子中，目的是隐藏一些可能会侮辱到特定读者的笑话、隐藏某个谜题的答案或隐藏八卦性的内容。NetJokes 是一个发布笑话和有趣图片的网站，可以在上面找到很多好玩的笑话和图片。

因为回转 13 位密码的加密方法非常简单，也很容易被破解，所以这个密码主要用于字母游戏中。例如，很多英语单词经过回转 13 位密码加密后，会得到另一个英语单词，如英语单词 abjurer（发誓放弃）的回转 13 位密码加密结果为 NOWHERE（任何地方都不），英语单词 chechen（车臣）的回转 13 位密码加密结果为 PURPURA［（内科）紫癜］。值得一提的是，世界上有一项比赛叫作国际 C 语言混乱代码大赛（The International Obfuscated C Code Contest，IOCCC），这项比赛从 1984 年开始，除 1997 年、1999 年、2002 年、2006 年、2016 年以外每年举办一次，目的是写出最具创意又最让人难以理解的 C 语言程序代码。1989 年，国际 C 语言混乱代码大赛收录了一个 C 语言程序，作者是 B.卫斯里（B. Westley）。卫斯里的 C 语言程序实现了回转 13 位密码的加密和解密。更神奇的是，卫斯里的 C 语言程序本身也可以用回转 13 位密码加密，且加密后的密文仍然是一个可运行的 C 语言程序。卫斯里 1989 年的获奖代码如图 1.20 所示。

```
/**//*/};)/**/main(/*//**/tang          , gnat/**//*/, ABBA~,0-0(avnz;)0-0, tang, raeN
, ABBA(niam&&)))2-]--tang-[kri          - =raeN(&&0<)/*clerk*/, noon, raeN){(!tang&&
noon!=-1&&(gnat&2))&&((raeN&&(             getchar(noon+0)))||(1-raeN&&(trgpune(noon
)))))||tang&&znva(/*//**/tang           , tang, tang/**|**//*/(((||)))0(enupgrt=raeN
(&&tang!(||)))0(rahcteg=raeN(     &&1==tang((&&1-^)gnat=raeN(;;;)tang, gnat
, ABBA, 0(avnz;)gnat:46+]552&)191+gnat([kri?0>]652%)191+gnat([kri=gnat
(&&)1-^gnat(&&)1&  ABBA(!;)raeN, tang, gnat, ABBA(avnz&&0>ABBA{)raeN
, /**/);}znva(/*//**/tang, gnat, ABBA/**//*/(niam;}1-, 78-, 611-, 321
-, 321-, 001-, 64-, 43-, 801-, 001-, 301-, 321-, 511-, 53-, 54, 44, 34, 24
, 14, 04, 93, 83, 73, 63, 53, 43, 33, 85, 75, 65, 55, 45, 35, 25, 15, 05, 94, 84
, 74, 64, 0, 0, 0, 0, 0, 0, /**/){ABBA='N'==65;(ABBA&&(gnat=trgpune
(0)))||(!ABBA&&(gnat=getchar(0-0));(--tang&1)&&(gnat='n'<=
gnat&&gnat<='z'||'a'<=gnat&&gnat<='m'||'N'<=gnat&&gnat<='Z'
||'A'<=gnat&&gnat<='M'?(((gnat&/*//**/31/**//*/, 21, 11, 01, 9, 8
, 7, 6, 5, 4, 3, 2, 1, 62, 52, 42, /**/)+12)%26)+(gnat&/*//**/32/**//*/,
22, 12, 02, 91, 81, 71, 61, 51, 41{=]652[kri};)/*pry*/)+65:gnat);main
(/*//**\**/tang^tang/**//*/, /*          */, ^/*//*-*/tang, gnat, ABBA-
0/**//*/(niam&&ABBA||)))tang(           rahcteg&&1-1=<enrA(||)}tang(
enupgrt&&1==enrA((&&)2&gnat(&&             )1-^tang(&&ABBA!(;)85- =tang
(&&)'a'\'=gnat(&&)1-==gnat(&&)4           ==ABBA(&&tang!;))))0(enupgrt=
gnat(&&)tang!((||)))0(rahcteg         =gnat(&&tang((&&ABBA;;)1-'A'=!
'Z'=tang(&&ABBA{)enrA/***/);gnat        ^-1&&znva(tang+1, gnat, 1+gnat);
main(ABBA&2/*//*\\**/, tang, gnat        , ABBA/**//*/(avnz/**/);}/*//**/
```

图 1.20　B. 卫斯里撰写的收录于 1989 年 IOCCC 的 C 语言程序

字母不一定非要向前和向后代换，还可以反向代换：将第一个英语字母 a 代换为最后一个英语字母 Z、将第二个英语字母 b 代换为倒数第二个英语字母 Y、将第三个英语字母 c 代换为倒数第三个英语字母 X，以此类推。这种代换密码叫作埃特巴什密码（Atbash Cipher）。历史上已经无法考证埃特巴什密码的提出时间了，只知道这个密码最初用于加密希伯来语，而非英语。这里要特别感谢 Unicode 编码，正是因为它的存在，本书才能在安装中文操作系统的计算机上正确输入希伯来语的符号，而不用担心出现乱码问题。希伯来语所用的字母依次为 א（Alef）、ב（Bet）、ג（Gimel）、ד（Dalet）、ה（He）、ו（Vav）、ז（Zayin）、ח（Het）、ט（Tet）、י（Yod）、כ（Kaf）、ל（Lamed）、מ（Mem）、נ（Nun）、ס（Samekh）、ע（Ayin）、פ（Pe）、צ（Tsadi）、ק（Qof）、ר（Resh）、ש（Shin）、ת（Tav）。希伯来语的埃特巴什密码字母代换表如表 1.9 所示。

表 1.9　希伯来语的埃特巴什密码字母代换表

א	ב	ג	ד	ה	ו	ז	ח	ט	י	כ	ל	מ	נ	ס	ע	פ	צ	ק	ר	ש	ת
↓	↓	↓	↓	↓	↓	↓	↓	↓	↓	↓	↓	↓	↓	↓	↓	↓	↓	↓	↓	↓	↓
ת	ש	ר	ק	צ	פ	ע	ס	נ	מ	ל	כ	י	ט	ח	ז	ו	ה	ד	ג	ב	א

如果将埃特巴什密码应用在英语上，则对应的字母代换表如表 1.10 所示。

表 1.10　英语的埃特巴什密码字母代换表

a	b	c	d	e	f	g	h	i	j	k	l	m	n	o	p	q	r	s	t	u	v	w	x	y	z
↓	↓	↓	↓	↓	↓	↓	↓	↓	↓	↓	↓	↓	↓	↓	↓	↓	↓	↓	↓	↓	↓	↓	↓	↓	↓
Z	Y	X	W	V	U	T	S	R	Q	P	O	N	M	L	K	J	I	H	G	F	E	D	C	B	A

恺撒密码、回转 13 位密码和埃特巴什密码共同的缺点是，加密方法是固定的，并且字母代换位数也是固定的。虽然可以进一步修改恺撒密码和回转 13 位密码的字母代换位数，但是一共只有 25 种字母代换位数的可能。如果知道密文是由恺撒密码、回转 13 位密码、埃特巴什密码或者其他代换位数的恺撒密码变种加密的，密码破译者可以尝试所有可能的字母代换位数，从而破解此类代换密码。

1.3.3　复杂的代换密码

只要 26 个字母相互之间仍然满足一对一的代换关系，就可以随意设置字母代换的规则，进一步设计更为复杂的代换方法。比如，可以设计一个如表 1.11 所示的无规律字母代换表。

表 1.11　无规律字母代换表

a	b	c	d	e	f	g	h	i	j	k	l	m	n	o	p	q	r	s	t	u	v	w	x	y	z
↓	↓	↓	↓	↓	↓	↓	↓	↓	↓	↓	↓	↓	↓	↓	↓	↓	↓	↓	↓	↓	↓	↓	↓	↓	↓
O	E	A	C	K	H	M	F	I	B	D	Y	P	J	V	G	W	S	Z	T	R	L	N	Q	U	X

假定待加密的明文为 transposition ciphers（移位密码），根据表 1.11 给出的字母代换方法，分别将 t 代换为 T、r 代换为 S、a 代换为 O，以此类推，最终得到密文：TSOJZGVZITIVJ AIGFKSZ。相比于恺撒密码、回转 13 位密码和埃特巴

什密码，自定义的字母代换方法更加没有规律，密文的隐蔽性更好，因此也更难被破解。

如果将字母代换表设置为密钥，只要发送方和接收方所设置的字母代换表，也就是密钥完全相同，接收方就可以正确解密并得到明文。如此一来，代换密码的密钥个数便从之前的 25 个扩展至 26 ！ $= 26 \times 25 \times 24 \times \cdots \times 4 \times 3 \times 2 \times 1 \approx 4 \times 10^{26}$ 个。这个数字到底有多大呢？全世界所有沙滩上的沙子加起来大约有 10^{21} 粒；人体内总共包含大约 7×10^{27} 个原子。这么看的话，所有可能的密钥数量已经足够多，密码设计者无须再担心密码破译者通过尝试所有可能的字母代换方法来破解密码了。

自定义字母代换的方法进一步提高了密码的安全性，但随之而来的一个麻烦的问题是，完全随机设计的自定义字母代换表实在是太难记忆了！能不能构造出既方便记忆，又能满足安全性的字母代换表呢？为了解决这个问题，密码设计者提出了很多有意思的字母代换表设计方法。最简单的方法是选一个有意义的英语单词，按照一定的规律根据英语单词构造字母代换表。首先，绘制一个字母代换表，代换结果留空，如表 1.12 所示。

表 1.12　绘制一个空的字母代换表

a	b	c	d	e	f	g	h	i	j	k	l	m	n	o	p	q	r	s	t	u	v	w	x	y	z
↓	↓	↓	↓	↓	↓	↓	↓	↓	↓	↓	↓	↓	↓	↓	↓	↓	↓	↓	↓	↓	↓	↓	↓	↓	↓

随后，选择一个有意义的英语单词，如 SUBSTITUTION（代换），并将这个英语单词填写到字母代换表中，注意去除英语单词中重复的字母，如表 1.13 所示。

表 1.13　去除重复字母后，将英语单词填入字母代换表

a	b	c	d	e	f	g	h	i	j	k	l	m	n	o	p	q	r	s	t	u	v	w	x	y	z
↓	↓	↓	↓	↓	↓	↓	↓	↓	↓	↓	↓	↓	↓	↓	↓	↓	↓	↓	↓	↓	↓	↓	↓	↓	↓
S	U	B	T	I	O	N																			

最后，按照英语字母顺序，将剩余的字母填入字母代换表中，得到如表 1.14

所示的完整字母代换表。

表 1.14　构造完整的字母代换表

a	b	c	d	e	f	g	h	i	j	k	l	m	n	o	p	q	r	s	t	u	v	w	x	y	z
↓	↓	↓	↓	↓	↓	↓	↓	↓	↓	↓	↓	↓	↓	↓	↓	↓	↓	↓	↓	↓	↓	↓	↓	↓	↓
S	U	B	T	I	O	N	A	C	D	E	F	G	H	J	K	L	M	P	Q	R	V	W	X	Y	Z

　　这种代换密码称为关键字密码（Keyword Cipher）。关键字密码可以有效降低字母代换表的记忆难度。不过，它本身存在一个很严重的缺陷。观察用 SUBSTITUTION（去除重复字母后为 SUBTION）构造的字母代换表，会发现从字母 v 开始，后面字母的明文和密文代换结果是一样的。造成这一现象的原因是 SUBSTITUTION 这个词所包含的英语字母中，排在英语字母表最靠后的一位字母为 U，U 以后的字母就不会被其他字母代换了。

　　修补这一缺陷的方法有很多，其中较为简单的一个方法是，再选择一个字母，根据这个字母在字母表中的位置确定从哪里开始填写先前所选择的英语单词。假定所选择的英语单词仍然为 SUBSTITUTION，多选择的一个字母为 H。同样绘制一个如表 1.12 所示的字母代换表。随后，从 H 处开始，将 SUBSTITUTION 去除重复字母后的 SUBTION 填写到字母代换表中，如表 1.15 所示。

表 1.15　从 H 处开始将去除重复字母后的英语单词填入字母代换表

a	b	c	d	e	f	g	h	i	j	k	l	m	n	o	p	q	r	s	t	u	v	w	x	y	z
↓	↓	↓	↓	↓	↓	↓	↓	↓	↓	↓	↓	↓	↓	↓	↓	↓	↓	↓	↓	↓	↓	↓	↓	↓	↓
							S	U	B	T	I	O	N												

　　最后，按照英语字母顺序，将剩余的字母填入字母代换表中，得到如表 1.16 所示的完整代换。

表 1.16　修补缺陷后的字母代换表

a	b	c	d	e	f	g	h	i	j	k	l	m	n	o	p	q	r	s	t	u	v	w	x	y	z
↓	↓	↓	↓	↓	↓	↓	↓	↓	↓	↓	↓	↓	↓	↓	↓	↓	↓	↓	↓	↓	↓	↓	↓	↓	↓
Q	R	V	W	X	Y	Z	S	U	B	T	I	O	N	A	C	D	E	F	G	H	J	K	L	M	P

可以看出，所选英语单词越复杂，所得到的字母代换表越没有规律性。美国作家 R. 勒代雷（R. Lederer）提供了一系列包含全部 26 个字母的英语句子，利用这些句子就可以构造出相当复杂的字母代换表。

· Pack my box with five dozen liquor jugs.　　　　　　（包含 32 个字母）

· Jackdaws love my big sphinx of quartz.　　　　　　（包含 31 个字母）

· How quickly daft jumping zebras vex.　　　　　　（包含 30 个字母）

· Quick wafting zephyrs vex bold Jim.　　　　　　（包含 29 个字母）

· Waltz, nymph, for quick jigs vex Bud.　　　　　　（包含 28 个字母）

· Bawds jog, flick quartz, vex nymphs.　　　　　　（包含 27 个字母）

· Mr. Jock, TV quiz Ph.D., bags few lynx.　　　　　　（包含 26 个字母）

1.3.4 将字母代换成符号

不仅可以将字母代换为字母，还可以把字母代换成其他符号。在密码设计者的精巧设计下，字母可以被代换成数字、图案，甚至是音符。

最为经典的符号代换密码莫过于猪圈密码（Pigen Cipher）了。顾名思义，代换字母所用到的符号看起来就像家养猪被圈在猪圈中。在 18 世纪，共济会常常使用这种密码进行秘密通信，因此猪圈密码又被称为共济会密码（Masonic Cipher）。猪圈密码的构造方法如图 1.21 所示。

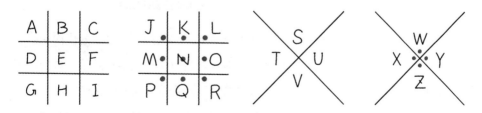

图 1.21　猪圈密码

根据图 1.21，可以构造出猪圈密码的字母符号代换表，如图 1.22 所示。

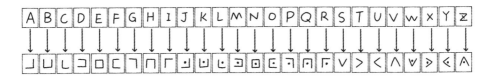

图 1.22　猪圈密码的字母符号代换表

　　猪圈密码还有很多变种版本。18 世纪欧洲的玫瑰十字会（Rosicrucianism）所使用的是如图 1.23 所示的猪圈密码变种版本。网友"474891621"在百度"密码吧"中发布了一个如图 1.24 所示的猪圈密码变种。

图 1.23　欧洲玫瑰红十字会曾经使用的猪圈密码变种

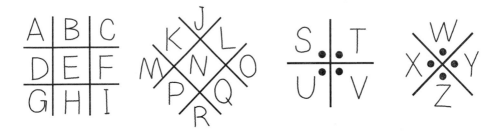

图 1.24　网友"474891621"发布的猪圈密码变种

　　当然，还可以将猪圈密码与字母代换结合起来，构造更为复杂的代换密码。例如，可以先用自己构造的字母代换表，对字母进行一次代换；随后，再使用猪圈密码再一次进行代换。可想而知，这样的密码隐蔽性更强，更加难以破解。

　　有趣的是，美国纽约三一教堂（Trinity Church）中，有一位死者的墓碑上竟然刻着猪圈密码。墓穴的主人叫詹姆斯·利森（James Leeson），生于 1756 年，逝于 1794 年，享年 38 岁。他的墓碑吸引了无数殡仪艺术爱好者和密码学爱好者前来瞻仰和破解。

利森的墓碑如图 1.25 所示。碑上写着：Here lies depofited the Body of James Leeson（詹姆斯·利森的遗体长眠于此）。墓碑上方的边缘处便刻着一行像是猪圈密码的符号。这里所使用的猪圈密码和标准猪圈密码有所不同。左起第一个符号中的方框内有两个点，而之前所介绍的猪圈密码中并不包含这样的符号。

图 1.25　詹姆斯·利森的墓碑，位于美国纽约的三一教堂

在殡仪艺术爱好者和密码学爱好者的共同努力下，这个猪圈密码的变种最终得到破解。破解结果在 1899 年发布于图书《三一记录》（*Trinity Record*）中。利森墓碑上所使用猪圈密码的字母符号代换表如图 1.26 所示。根据此代换表，可以得知墓碑上密码的意思是：Remember Death（纪念死亡）。

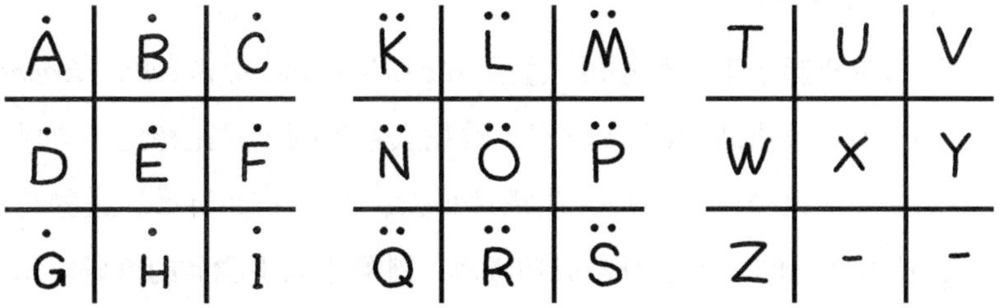

图 1.26　詹姆斯·利森墓碑上所使用的猪圈密码变种

将字母代换为音符也是一种很有创意的代换方式。奥地利著名作曲家莫扎特就曾设计过一个将字母代换为音符的密码，如图 1.27 所示。此代换密码最终被密码学家 H. 奈特（H. Knight）破解。整个密文对应的明文为：Cryptology is mathematics in the same sense that music is mathematics（密码学是一种数学，就像音乐是一种数学一样）。

图 1.27　奥地利作曲家莫扎特设计的音乐密码

1.3.5　代换密码的安全性

代换密码的密钥个数已经非常多了，如果进一步用符号代换字母，代换的方法更是无穷无尽。虽然密码破译者无法通过遍历所有密钥的方法来破解代换密码，但这就说明代换密码 100% 安全吗？答案当然是否定的。下面就通过一个实例来演示如何破解代换密码。

在《福尔摩斯探案集：跳舞的人》（*The Adventures of Sherlock Holmes: The Dancing Men*）中，侦探福尔摩斯收到了委托人希尔顿·丘比特先生提供的一系列看似毫无意义的符号，符号是一些跳舞小人，如图 1.28 所示。这些符号似乎是要给丘比特太太看的。福尔摩斯成功破解了跳舞小人中隐藏的密码。来看看福尔摩斯是如何破解的。

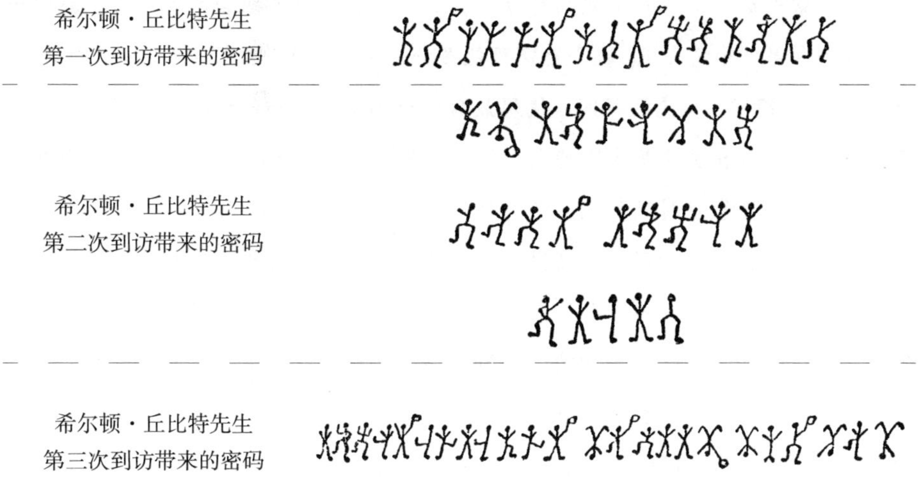

希尔顿·丘比特先生
第一次到访带来的密码

希尔顿·丘比特先生
第二次到访带来的密码

希尔顿·丘比特先生
第三次到访带来的密码

图 1.28　《福尔摩斯探案集　跳舞的人》中出现的密码

"……只要一看出这些符号是代表字母的，再应用秘密文字的规律来分析，就不难找到答案。在交给我的第一张纸条上那句话很短，我只能稍有把握假定 ✹ 代表 E。你们也知道，在英语字母中 E 最常见，它出现的次数多到即使在一个短的句子中也是最常见的。第一张纸条上的 15 个符号，其中有 4 个完全一样，因此把它估计为 E 是合乎道理的。在这些图形中，有的还带一面小旗，有的没有小旗。从小旗的分布来看，带旗的图形可能是用来把这个句子分成一个一个的单词。我把这看作一个可以接受的假设，同时记下 E 是用 ✹ 来代表的。

"可是，现在最难的问题来了。因为除了 E 之外，英语字母出现次序的顺序并不很清楚。这种顺序，在平常一页印出的文字里和一个短句子里，可能正相反。大致说来，字母按出现次数排列的顺序是 T、A、O、I、N、S、H、R、D、L；但是，T、A、O、I 出现的顺序几乎不相上下。要是把每一种组合都试一遍，直到得出一个意思来，那会是一项无止境的工作。所以，我只好等来了新材料再说。希尔顿·丘比特先生第二次来访的时候，果真给了我另外两个短句子和似乎只有一个单词的一句话，就是这几个不带小旗的符号。在这个由五个符号组合的单词中，我找出了第二个和第四个都是 E。这个单词可能是 sever（切断），也可能是 lever（杠杆），或者 never（绝不）。毫无疑问，使用最后这个词来回答一项请求的可能性极大，而且种种情况都表明这是丘比特太太写的答复。假如这个判断正确，我们现在就可以说，三个符号分别代表 N、V 和 R。

"即使这样，我的困难仍然很大。但是，一个很妙的想法使我知道了另外几个字母。我想起假如这些恳求是来自一个在丘比特太太年轻时候就跟她亲近的人的话，那么一个两头是 E、当中有三个别的字母的组合很可能就是 ELSIE（埃尔茜）这个名字。我一检查，发现这个组合曾经三次构成一句话的结尾。这样的一句话肯定是对'埃尔茜'提出的恳求。这样一来我就找出了 L、S 和 I。可是，究竟恳求什么呢？在'埃尔茜'前面的一个词，只有四个字母，最后一个是 E。这个词必定是 Come（来）无疑。我试过其他各种以 E 结尾的四个字母，都不符合情况。这样我就找出了 C、O 和 M，而且现在我可以再来分析第一句话，把它分成单词，不知道的字母就用点代替。经过这样的处理，这句话就成了这种样子：

· M · E R E · · E S L · N E

现在，第一个字母只能是 A。这是最有帮助的发现，因为它在这个短句中出现了三次。第二个词的开头是 H 也是显而易见的。这一句话现在成了：

A M H E R E A B E S L A N E

再把名字中所缺的字母填上：

A M H E R E A · E S L A N E

（我已到达。阿贝·斯兰尼）

我现在有了这么多字母，能够很有把握地解释第二句话了。这一句读出来是这样的：

A · E L R I · E S

我看这一句中，我只能在缺字母的地方加上 T 和 G 才有意义（意为：住在埃尔里奇），并且假定这个名字是写信人住的地方或者旅店。

......

"......就在我接到回电的那天晚上，希尔顿·丘比特给我寄来了阿贝·斯兰尼最后画的一行小人。用已经知道的这些字母译出来就成了这样的一句话：

E L S I E ·R E ·A R E T O M E E T T H Y G O

再填上P和D，这句话就完整了（意为：埃尔茜，准备见上帝），而且说明了这个流氓已经由劝诱改为恐吓......"

从福尔摩斯的破解过程中，读者朋友或许已经可以察觉到代换密码的缺陷了。由于字母与字母，或字母与符号是一一对应的，这就意味着一段文字中相同明文字母的密文代换结果也一定相同。每种语言本身都有其规律和特性，利用这一点便不难从密文中探寻出蛛丝马迹。这种密码分析方法被密码学家称为频率分析攻击（Frequency Analysis Attack）。

以英语为例，英语中每个字母在使用中出现的频率是不一样的。随着英语文本长度的增加，这种规律会越发明显。英语字母出现频率分布表由表1.17给出。可以看出，字母E在使用中出现的概率最高，其次是T、A、O等。在同一个代换密码中，相同字母的代换结果一定相同，因此密码破译者可以通过分析密文中字母或符号出现的频率高低，判断各个字符或符号所对应的明文字母，进而完成破解。

另一方面，英语中固定词语出现的频率也非常高。常用的简单单词，如THE、IT、IS等都会频繁出现在英语文本中。进一步，还可以从密文中相同的两个相邻字母或符号作为出发点对密文进行破解。统计表明，英语文本中出现频率最高的相同相邻字母为LL，其次为SS、EE、OO、TT、FF等。应用英语单词本身的规律适当进行尝试，密码破译者极有可能从密文中恢复出部分甚至全部明文，同时恢复出加密时所使用的符号代换表。不仅是英语，法语、西班牙语、葡萄牙语、意大利语、德语等语言都具有类似的特性。

表 1.17　英语字母频率分布表，红色标注了出现频率最高的五个字母

字母	频率	字母	频率
A	0.08167	N	0.06749
B	0.01492	O	0.07507
C	0.02782	P	0.01929
D	0.04253	Q	0.00095
E	0.12702	R	0.05987
F	0.02228	S	0.06327
G	0.02015	T	0.09056
H	0.06094	U	0.02758
I	0.06966	V	0.00978
J	0.00153	W	0.02360
K	0.00772	X	0.00150
L	0.04025	Y	0.01974
M	0.02406	Z	0.00074

1.4　密码吧神帖的破解

现在，是时候来看看百度"密码吧"神帖的破解方法了。楼主"HighnessC"收到的密文是：

```
****− / *−−−− / −−−−* / ****− / ****− / *−−−− / −−−** / *−−−− / ****− / *−−−− / −**** /
***−− / ****− / *−−−− / −−−−* / **−−− / −**** / **−−− / **−−− / ***−− / −−*** / ****− /
```

1.4.1 第一层密码：莫尔斯电码

第一层密码的难度并不大，网友"PorscheL"第一时间在 6 楼给出了第一层密码的破解方法。如果了解莫尔斯电码的相关知识，很容易发现第一层密码从形式上符合莫尔斯电码的特性。根据表 1.2 进行解码，可以得到：4194418141634192622374。

1.4.2 第二层密码：手机键盘代换密码

网友"幻之皮卡丘"在 38 楼指出，第二层密码的密文中，数字有偶数个，并且注意到"41"这一组合出现过数次。网友"片翌天使"在 83 楼指出，"幻之皮卡丘"的提示让他想到了手机。对第二层的密码进行分组，可以得到：41 94 41 81 41 63 41 92 62 23 74，并且每个组合个位数都不超过 4。特别地，仅当十位数为 7 或者 9 时，个位数才出现了 4。在 2009 年，一般用户的手机使用的都是九宫格键盘。九宫格键盘如图 1.29 所示。不难发现，仅有 7 和 9 这两个数字后面跟了四个英语字母，1 后面仅有标点符号，而其余数字后面均跟了三个字母。因此，可以构造出如表 1.18 所示的字母代换表。

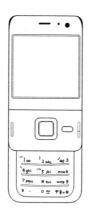

图 1.29　配备九宫格键盘的手机

表 1.18　九宫格键盘字母代换表

a	b	c	d	e	f	g	h	i	j	k	l	m
↓	↓	↓	↓	↓	↓	↓	↓	↓	↓	↓	↓	↓
21	22	23	31	32	33	41	42	43	51	52	53	61

n	o	p	q	r	s	t	u	v	w	x	y	z
↓	↓	↓	↓	↓	↓	↓	↓	↓	↓	↓	↓	↓
62	63	71	72	73	74	81	82	83	91	92	93	94

按照上述字母代换表破解密文，可以得到：GZGTGOGXNCS。

1.4.3　第三层密码：计算机键盘代换密码

随后，网友"巨蟹座的传说"在 93 楼给出了第二层密码的另一种可能代换方法。他指出，第二层密码会不会是计算机键盘代换密码。计算机键盘如图 1.30 所示。"巨蟹座的传说"猜想，数字 1 是否表示计算机键盘数字 1 下面的字母 Q？以此类推，2 可以代换为 W，3 代换为 E，0 代换为 P。

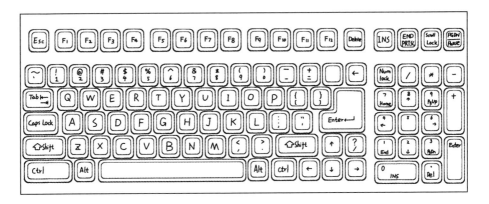

图 1.30　标准计算机键盘

受到"巨蟹座的传说"的启发，网友"片翼天使"在 207 楼指出，楼主"HighnessC"从心仪的女生那里得到的提示中说："有一个步骤是'替代密码'，而密码表则是我们人类每天都可能用到的东西。"那么这个东西很可能就是键盘。有很多种利用键盘构造字母代换表的方法。"片翌天使"使用了最标准的代换方法：将键盘字母区按照从左至右、从上至下的顺序依次代换成英语中的原始字母顺序，即Q 代换为 A，W 代换为 B，以此类推，最后 M 代换为 Z，如图 1.31 所示。

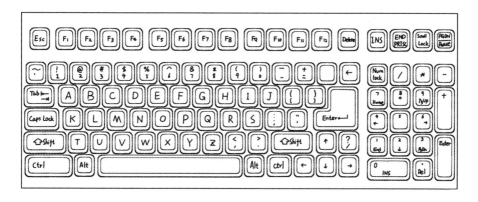

图 1.31　字母代换后的计算机键盘

根据计算机键盘的字母代换规律，可以构造如表 1.19 所示的字母代换表。用这个字母代换表破解第三层密码 GZGTGOGXNCS，得到 OTOEOIOUYVL。

表 1.19　计算机键盘字母代换表

a	b	c	d	e	f	g	h	i	j	k	l	m	n	o	p	q	r	s	t	u	v	w	x	y	z
↓	↓	↓	↓	↓	↓	↓	↓	↓	↓	↓	↓	↓	↓	↓	↓	↓	↓	↓	↓	↓	↓	↓	↓	↓	↓
Q	W	E	R	T	Y	U	I	O	P	A	S	D	F	G	H	J	K	L	Z	X	C	V	B	N	M

1.4.4　第四层和第五层密码：格栅密码与字母逆序

从第三层的破解结果中基本已经能够看出明文是什么了：唯一一个符合逻辑的答案应该是 I LOVE YOU TOO。但是，如何从 OTOEOIOUYVL 得到 I LOVE YOU TOO 呢？首先，第四层需要使用 2×6 的格栅密码。将 OTOEOIOUYVL 按照 2×6 的格栅划分，得到：

O	T	O	E	O	I
O	U	Y	V	L	

按照从上至下、从左至右的顺序重写密文，得到：OOTUOYEVOLI。

第五层密码是明文的简单逆序重写。将密文从后往前撰写，最终得到明文：I LOVE YOU TOO。到这里，"片翌天使"才最终确定明文，并肯定楼主有一个非触摸屏、键盘是九宫格形式的手机，并且楼主还拥有一台计算机或者经常接触计算机[①]。祝楼主"HighnessC"幸福！

至此，古典密码的介绍就暂时告一段落。历史上，密码设计者还设计出了各种各样的古典密码，但它们基本都可以被归为移位密码或代换密码的变种，如波利比奥斯方阵（Polybius Square）密码属于移位密码中的棋盘密码；普莱费尔（Playfair）密码属于代换密码；同音替换（Homophonic Substitution）密码是比一般代换密码安全性稍强的代换密码；仿射（Affine）密码也属于代换密码。古典密码对于情侣表白、字母游戏来说已经足够了。但是，当密码真正用于日常安全通信，甚至用于军事通信时，不安全的密码将会导致惨痛的后果。

下一章将介绍军事战争中所使用的密码。从现代密码学的角度看，这些密码仍然不够安全，大多都无法逃脱被破解的命运。然而，正是由于这些密码的出现，密码设计者才得以探索出设计安全密码的核心思想，最终让密码为军事通信的安全保驾护航。

有关编码部分，可以阅读 A. 麦克思瑞（A. McEnery）和肖中华撰写的《语料库构建中使用的编码规范》（*Character Encoding in Corpus Construction*），这篇论文涵盖了计算机发展史中出现过的所有编码规范。H. 兰皮斯伯格（H. Lampesberger）在其撰写的论文《网页和云服务交互技术综述》（*Technologies for*

[①] 别忘了，这是 2009 年的密码破解题目，那时计算机尚未像如今这样普及。

Web and Cloud Service Interaction: A Survey）中，详细总结了互联网中使用的编码标准，也非常值得一读。如果对二维码原理感兴趣，可以浏览网友陈皓在酷壳上发表的博客文章《二维码的生成细节和原理》。

有关古典密码学部分，可以阅读 C. 鲍尔（C. Bauer）所撰写的图书《密码历史：密码学故事》（*Secret History：The Story of Cryptology*）的第一章"古代起源"、第二章"单表代换密码：明文的伪装"，以及第四章"移位密码"。这本书总结得比较全面，难度适中。如果感觉这本书的内容专业性太强，较难理解，也可以尝试阅读 S. 西蒙（S. Simon）所撰写图书《密码故事》（*The Code Book*）的第一章"玛丽女王的密码"。《密码故事》的中译版本《密码故事：人类智力的另类较量》由朱小蓬、林金钟翻译，于 2001 年 10 月由海南出版社出版。

有关古典密码学中蕴含的数学原理，可以参考阅读 D. 斯汀森（D. Stinson）所撰写图书《密码学原理与实践（第三版）》（*Cryptography Theory and Practice · Third Edition*）的第一章"古典密码学"。这本书从数学原理层面剖析了古典密码学的设计思想，并深入分析了古典密码学的安全性。《密码学原理与实践（第三版）》的中译版本由冯登国等翻译，于 2016 年 1 月由电子工业出版社出版。

02

+ + + + +

"今天有小雨，无特殊情况"
战争密码：
生死攸关的巅峰较量

2014 年，英美共同拍摄制作了历史剧情片《模仿游戏》（*The Imitation Game*）。该片讲述了英国数学家、逻辑学家、密码分析学家和计算机科学家 A. 图灵（A. Turing）在第二次世界大战中帮助盟军破译纳粹德国的军事密码恩尼格玛（Enigma）的真实故事。在第二次世界大战中，图灵获军情六处的秘密任命，与一群专家组成破解小组，试图破解由纳粹德国军队使用的、号称当时世界上最精密的加密系统：恩尼格玛机（Enigma Machine）。图灵在破解过程中遭遇了重重挫折，不断攻克难关，最终研发出了破译恩尼格玛机的装置，依靠此装置获取纳粹德国的大量军事机密。这些破译出的宝贵信息最终帮助盟军成功击败了纳粹德国。然而第二次世界大战结束多年后，图灵因被揭发具有同性恋倾向，被英国政府宣判有罪。

《模仿游戏》中男主角图灵的扮演者是以脸长著称的英国演员 B. 康伯巴奇（B. Cumberbatch）。他于 2010 年起主演系列电视剧《神探夏洛克》（*Sherlock*），以其精湛纯熟的表演技巧与丰满立体的人物塑造，在全球范围内折服了大批观众，并被国内剧迷亲切地称为"卷福"。《模仿游戏》一经上映便好评如潮，获得第 39 届多伦多电影节最高殊荣"人民选择奖最佳影片"、第 22 届汉普顿国际电影节"艾尔弗雷德·P. 斯隆故事片奖"、2015 年美国编剧工会奖"最佳改编剧本"等重量级奖项。在第 87 届奥斯卡金像奖中，《模仿游戏》获得"最佳影片""最佳导演""最佳改编剧本""最佳男主角"等 8 项大奖的提名，并最终获得"最佳改编剧本奖"。

然而，在欣赏影片之余，很多影迷表示仅通过观看电影无法完全理解图灵破解恩尼格玛机的整个过程。《模仿游戏》是近年来少有的密码学科普电影。电影的剧本改编相当严谨，基本上还原了真实的历史。当然，为了增加故事性和艺术表现力，电影中还夹杂了一些支线剧情。正因为《模仿游戏》对历史的还原度很高，如果没有基本的密码学知识，很难深入理解《模仿游戏》中隐含的密码学原理。

《模仿游戏》中不仅讲述了图灵破解恩尼格玛的方法，还引入了很多古典密码学的原理。2015年1月，一位知友在知乎上提了一个问题："《模仿游戏》中'PZQAE TQR'是用什么密码译的？"这位知友在题目中给出了电影于1小时4分50秒的画面，如图2.1所示，询问影片中图灵与幼时朋友秘密通信时使用的是何种密码。

图2.1 电影《模仿游戏》1小时4分50秒画面

电影中没有具体介绍这个密码，只展示了明文和对应的密文，因此，需要从整部影片中搜寻更多的信息，来猜测这是一个什么密码。知友 @刘巍然－学酥在反复观看电影后，发现在影片50分5秒处，图灵曾使用过一个类似的密码，如图2.2所示。电影50分5秒处给出的明文和密文长度更长，蕴含的信息也更加丰富。观察明文和密文，可以发现每一个明文和密文的字母都是一一对应的，如表2.1所示。

图 2.2　电影《模仿游戏》50 分 5 秒画面

表 2.1　图灵所使用密码中的明文和密文字母对应关系

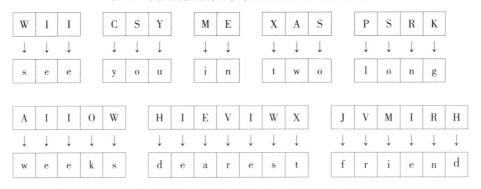

根据表 2.1，可以很容易地看出几个常用字母的代换关系：

· 明文字母 e 代换为密文字母 I；

· 明文字母 o 代换为密文字母 S；

· 明文字母 s 代换为密文字母 W。

因此，可以合理推测出这一密码属于本书第 1.3 节曾介绍过的代换密码。同样地，图 2.2 中给出的明文和密文字母也包含了类似的代换规律，如表 2.2 所示。

表 2.2　图灵所使用另一段密码中的明文和密文字母对应关系

P		Z	Q	A	E		T	Q	R
↓		↓	↓	↓	↓		↓	↓	↓
i		l	o	v	e		y	o	u

　　虽然给出的明文和密文长度很短，但至少可以看出明文字母 o 都被代换为密文字母 Q。

　　细心的读者朋友可能已经发现，影片中两处代换密码使用了不同的字母代换表。第一处将明文字母 o 代换为密文字母 S，而第二处则将其代换为密文字母 Q。前文曾介绍过，代换密码容易遭受频率分析攻击，而周期性地更换字母代换表是一种有效抵御频率分析攻击的方法。导演与编剧此处细致的刻画侧面塑造了图灵严谨而智慧的人物形象。

　　《模仿游戏》中另一处经典桥段是图灵在一次晚宴上因别人的一句话偶然获得了破解恩尼格玛的重大启发。这激动人心的一幕位于影片 1 小时 13 分 22 秒处："他的每一个信息都用相同的五个字母开头，CILLY。"图灵在获得这一关键信息后立即想到：纳粹德国军队在每天早晨 6 点整都会通过恩尼格玛发送一份天气预报，里面很可能含有"天气"一词。为什么这个信息最终促使恩尼格玛的成功破解呢？

　　密码学在军事通信中扮演着重要的角色。在无线电和无线网络发明之后，如果没有密码学为军事通信信息提供保护，敌军就可以通过截获无线信号窃取所有军事信息，从而在战争中占据信息主导地位。因为化学武器在第一次世界大战中起到了关键作用，所以第一次世界大战又被称为"化学战争"。第二次世界大战中诞生了原子弹这一革命性武器，因此第二次世界大战又被称为"物理战争"。而未来的战争很可能被称为"数学战争"。想象一下，如果能令敌军的所有计算机系统全部瘫痪，通信网络全部丧失通信功能，那么敌军是否还有获胜的可能呢？

　　本章将着重介绍第一次世界大战和第二次世界大战中所使用的军事密码，其

中包括第一次世界大战中德军所使用的 ADFGX 密码、ADFGVX 密码以及第二次
世界大战中纳粹德国所使用的恩尼格玛。本章也将简要介绍各个密码的破解方法。
在了解恩尼格玛机的破解方法后，读者朋友可以重温一下《模仿游戏》，更深入
地理解隐藏在影片中的密码学知识。

2.1　将古典进行到底：第一次世界大战中的密码

第一次世界大战中所使用的密码几乎都是从第 1 章介绍的古典密码演化而来
的。这些密码仍然未能解决古典密码中存在的缺陷。本节将首先介绍真正促使美
国加入第一次世界大战的导火索：齐默尔曼电报（Zimmermann Telegram）。随后，
本节将讲解第一次世界大战中德军使用的两个密码：ADFGX 密码和 ADFGVX 密
码。二者均在战争期间被成功破解。

2.1.1　齐默尔曼电报

众所周知，第二次世界大战后期发生了著名的"珍珠港"事件，给美国造成
了巨大的损失，而美军也以此为由正式作为盟军成员加入了第二次世界大战。实
际上，第一次世界大战中也存在着类似于"珍珠港"事件的转折点，致使美国强
势介入战争。一个转折点为 1915 年 5 月 7 日发生的"卢西塔尼亚号"事件，另
一个转折点为 1917 年 3 月 1 日公开的"齐默尔曼电报"事件。考虑到美国向德
意志帝国宣战的时间点是 1917 年 4 月 6 日，历史学家普遍认为"齐默尔曼电报"
事件是真正促使美国参战的导火索。

齐默尔曼电报是一封由德意志帝国大使 A. 齐默尔曼（A. Zimmermann）于
1917 年 1 月 16 日发送给德国驻墨西哥大使 F. 厄卡德特（F. Eckhardt）的加密电报，
如图 2.3 所示。确切地说，这份电报只是一封编码电报，因为解密这封电报并不
需要密钥的参与，直接使用德意志帝国的编码方法就可以成功获取解码结果。举

例来说，电报中的编码"12137"对应的含义是"结盟"（Alliance）；编码"52262"
对应的含义是"日本"（Japan）。

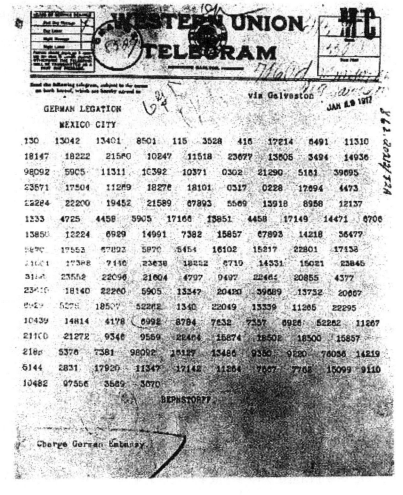

图 2.3　齐默尔曼电报

第 1 章曾经介绍过，即使是加入密钥的代换密码安全性都不算高，更不用说
类似齐默尔曼电报这种直接使用编码方式处理的电报了。第一次世界大战时期还

没有出现所谓的无线电技术，电报的传输完全依赖于电缆。德国与墨西哥之间传输电报的唯一途径是德美之间的大西洋海底电缆。然而，在第一次世界大战爆发后，英国立即切断了大西洋海底电缆，这就使得德国失去了与墨西哥进行直接通信的手段。为将电报传送至墨西哥，德国不得不通过美国驻德国大使先将电报传到美国，再由美国转送到德国驻墨西哥大使手中。这条传输线路不可避免地要经过丹麦、瑞典和英国。因此，英国间谍通过密切监视这一通信线路，成功截获了齐默尔曼电报，并将电报发送给了英国为专门破解密码而组建的 40 号办公室进行破解。破解一封仅由编码处理的电报并未难倒当时英国的密码破译者，他们成功完成了破解。破解结果如图 2.4 所示，电报的中文翻译为：

我们计划于 2 月 1 日开始实施无限制潜艇战。与此同时，我们将竭力使美国保持中立。

如计划失败，我们建议在下列基础上同墨西哥结盟：协同作战；共同缔结和平。我们将会向贵国提供大量资金援助；墨西哥也会重新收复在新墨西哥州、得克萨斯州和亚利桑那州失去的国土。建议书的细节将由你们草拟。

请务必于得知将会与美国开战时（把此计划）以最高机密告知贵国总统，并鼓励他邀请日本立刻参与此计划；同时为我们与日本的谈判进行斡旋。

请转告贵总统，我们强大的潜水艇队的参与将可能迫使英国在几个月内求和。

这封破解的电报很快便出现在了时任美国总统威尔逊的办公桌上。在电报被媒体进一步公开后，美国不得不直面德军有意入侵的事实。虽然美国政府一度怀疑这封电报是英国企图迫使美国参与战争所捏造的骗局，但随着齐默尔曼在柏林的一次新闻发布会上公开承认自己写过这封电报，一切怀疑都烟消云散，美国最终决定参战。

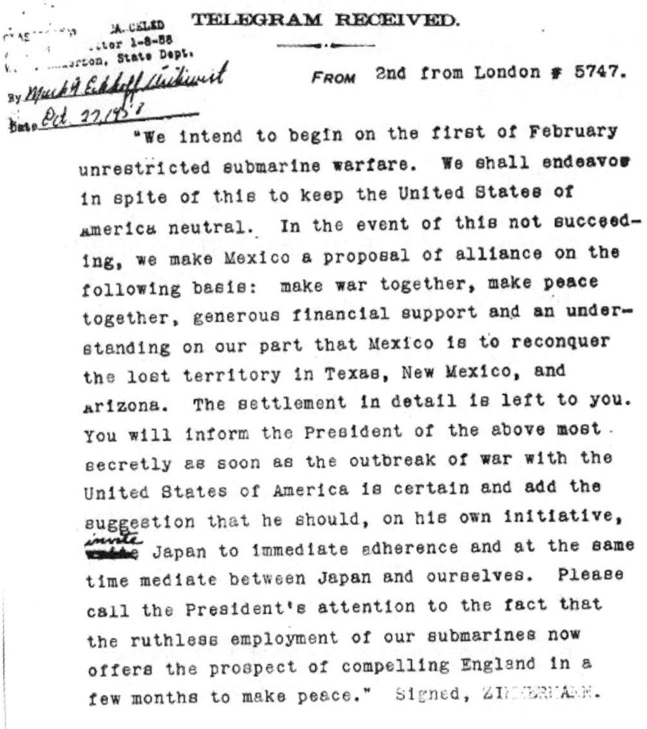

TELEGRAM RECEIVED.

FROM 2nd from London # 5747.

"We intend to begin on the first of February unrestricted submarine warfare. We shall endeavor in spite of this to keep the United States of America neutral. In the event of this not succeeding, we make Mexico a proposal of alliance on the following basis: make war together, make peace together, generous financial support and an understanding on our part that Mexico is to reconquer the lost territory in Texas, New Mexico, and Arizona. The settlement in detail is left to you. You will inform the President of the above most secretly as soon as the outbreak of war with the United States of America is certain and add the suggestion that he should, on his own initiative, invite Japan to immediate adherence and at the same time mediate between Japan and ourselves. Please call the President's attention to the fact that the ruthless employment of our submarines now offers the prospect of compelling England in a few months to make peace." Signed, ZIMMERMANN.

图 2.4 被破解并被翻译为英语的齐默尔曼电报

齐默尔曼电报事件的影响到底有多大呢？著名美国历史学家、《齐默尔曼电报》（The Zimmermann Telegram）一书的作者 B. 塔奇曼（B. Tuchman）给出了如下评价：

如果这个电报永远没有被截获或永远没有被公开，那么德国必然会做其他一些对我们有利的事情，但是时间已经很晚了，如果我们再延迟一下，盟军将被迫进入谈判。那样的话，齐默尔曼电报就改变了历史的走向。……齐默尔曼电报本身是历史长河中的一个小石头子，但一个小石头子也能杀死歌利亚，而这个石子则扼杀了美国人的幻想，即我们可以不管其他的国家自行其是。对国际事务来说，它是德国首相的一个小计策，而对美国人的生活来说，它代表着天真纯洁的结束。

虽然历史是无法改写的，但历史学家普遍认为，如果美国没有参与第一次世界大战，最终取得战争胜利的很可能是德意志帝国。齐默尔曼电报的破解无疑在战争史上留下了浓重的一笔。

2.1.2 ADFGX 密码

虽然第一次世界大战被称为"化学战争"，但此次世界大战中仍然出现了密码学的身影，其中最著名的两个密码就是德意志帝国使用的 ADFGX 密码和 ADFGVX 密码。从现代密码学角度看，这两个密码都不够安全。但当时在没有计算机协助的情况下，破解这两个由古典密码演化而来的战争密码仍然耗费了密码破译者大量的精力。

首先我们来看看 ADFGX 密码的原理。该密码由德军上校 F. 内贝尔（F. Nebel）设计，可以看作代换密码和移位密码的结合。之所以称这个密码为 ADFGX 密码，是因为密文中只会出现 A、D、F、G、X 这五个字母。而之所以选择这五个字母，是因为这五个字母编码成莫尔斯电码时不容易相互混淆，可以降低通信过程中传输错误的概率。

ADFGX 密码的加密过程分为两步。第一步是利用字母代换表对密文进行代换。与第 1 章介绍的代换密码不同，ADFGX 密码统一将一个明文字母代换为两个密文字母。ADFGX 密码所使用的字母代换表如表 2.3 所示。第一步加密时，将明文字母代换为表格横向和纵向对应的 ADFGX 即可。例如，明文字母 b 将被代换为 AA、明文字母 t 将被代换为 AD，以此类推。

表 2.3　ADFGX 密码字母代换表

	A	D	F	G	X
A	b	t	a	l	p
D	d	h	o	z	k
F	q	f	v	s	n
G	g	j	c	u	x
X	m	r	e	w	y

不难发现，表2.3中的明文字母部分只涵盖了25个英文字母，字母i并未出现。实际上，ADFGX密码将明文字母i和j看作同一个字母，这两个明文字母都被代换密文GD。解密时，信息接收方需要根据其他密文字母的解密结果决定把GD解密为i或者j。

代换完成后，需利用带密钥的栅栏移位密码对代换结果进一步加密，移位方法为1.2.3节所介绍的、使用英语单词作为密钥的移位方法。

下面用一个例子说明ADFGX密码的加密过程。假定明文为attack at once（立即发起进攻），密钥为FIGHT（战斗）。首先，根据字母代换表，依次将各个明文字母代换为对应的密文字母：

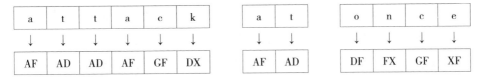

随后，将密文代换结果"AFADADAFGFDXAFADDFFXGFXF"写成五列的格栅形式，即列数与密钥的非重复字母个数相同。将每一列用密钥中对应字母在字母表中的位置进行编号。FIGHT中的字母F、I、G、H、T在英语字母中出现的位置依次为06、09、07、08、20，用这五个数字为格栅的五列依次编号，并从A、D、F、G、X中任取字母填充格栅中未被填满的部分，得到：

06	09	07	08	20
A	F	A	D	A
D	A	F	G	F
D	X	A	F	A
D	D	F	F	X
G	F	X	F	X

最后，按照设置的编号顺序自上至下重写明文，得到密文：ADDDGAFAFXDGFFF FAXDFAFAXX。

相比原始的代换密码，ADFGX密码应用两个密文字母表示一个明文字母，在一定程度上可以抵御频率分析攻击。为了进一步防止敌方破解密码影响战局，德军在每次发动重要进攻之前都会使用新的密钥对信息进行加密，使得敌方在德军进攻发起前没有充分的时间对新的密码进行分析和破译。如此一来，即使密码的安全性不够高，待到密码被破解出来时，德军的进攻也早就结束了。德意志帝国于 1918 年 3 月 5 日开始使用 ADFGX 密码。1918 年 3 月 21 日，德意志帝国将军 E. 鲁登道夫（E. Ludendorff）便发起了一次总攻。此次总攻得益于 ADFGX 密码对信息的保护而大获全胜。

2.1.3 ADFGVX 密码

为了进一步提高所使用密码的安全性，内贝尔上校对 ADFGX 密码进行了改良，提出了 ADFGVX 密码。为了确保 ADFGVX 密码的安全性足够高，内贝尔上校先行召集 60 位密码破译者尝试对密码进行破解。在确保无人能破解该密码后，才在德军通信中使用此密码。

ADFGVX 密码所用的密文字母由之前的五个扩展为六个。新的字符代换表不仅涵盖了全部 26 个英文字母，解决了 i 与 j 对应密文相同的问题，还新增了 10 个数字的代换方法。ADFGVX 密码所使用的字母代换表如表 2.4 所示。

表 2.4 ADFGVX 密码字母代换表

	A	D	F	G	V	X
A	c	o	8	x	f	4
D	m	k	3	a	z	9
F	n	w	1	0	j	d
G	5	s	I	y	h	u
V	p	l	V	b	6	r
X	e	q	7	t	2	g

如果仍然假定明文为 attack at once（立即发起进攻），密钥为 FIGHT（战斗）。首先，根据 ADFGVX 的字母代换表，依次将各个明文字母代换为对应的密文字母：

a	t	t	a	c	k
↓	↓	↓	↓	↓	↓
DG	XG	XG	DG	AA	DD

a	t
↓	↓
DG	XG

o	n	c	e
↓	↓	↓	↓
AD	FA	AA	XA

同样将密文代换结果"DGXGXGDGAADDDGXGADFAAAXA"写成五列的格栅形式。并将每一列用密钥中对应字母在字母表中的位置进行编号，得到：

06	09	07	08	20
D	G	X	G	X
G	D	G	A	A
D	D	D	G	X
G	A	D	F	A
A	A	X	A	X

最后，同样按照密钥对应的编号顺序自上至下重写明文，得到密文：DGDGAXGDDXGAFGAGDDAAXAXAX。

这一新密码的出现使盟军进一步陷入困境。幸运的是，密码破译者 G. 佩因芬（G. Painvin）最终拯救了盟军。佩因芬总共花费了三个月的时间，先后破解了 ADFGX 密码和 ADFGVX 密码。ADFGVX 密码破译难度非常大，其间他历经了无数个不眠之夜，复杂的数据分析与巨大的精神压力使他在短短几周内体重下降了 15 千克。1918 年 6 月 2 日，就在德军即将发动新一轮进攻前的千钧一发之际，佩因芬成功破解出了一段德军使用 ADFGVX 密码加密的关键信息。正是这段密文的破解使盟军迅速针对德军即将到来的进攻构建了防御设施，瞬间占据了优势地位，最终导致德军在历经 5 天苦战后宣布战斗失败。

ADFGX 密码和 ADFGVX 密码的破解原理相对比较复杂，在此就不详细展开讲解了。需要再次强调的是，虽然第一次世界大战中德军使用了一系列新的密码，但这些新的密码其实都可以看作本书第 1 章所讲解的古典密码的变种或组合。一旦获取到较长的密文，密码破译者便可以通过合理的分析手段破解密码。

2.2 维吉尼亚密码：安全密码设计的思路源泉

2.2.1 维吉尼亚密码的发明史

第 1 章介绍的所有代换密码和本章介绍的 ADFGX 密码以及 ADFGVX 密码都可以更进一步归类为单表代换密码（Monoalphabetic Substitution Cipher）。顾名思义，单表代换密码在对明文字母进行代换时，只使用了一个字母代换表。单表代换密码中的明文字母和密文字母是一一对应的，无法隐藏明文中字母出现的频率信息和单词的固定结构，这也是单表代换密码的最大缺陷。一代又一代密码设计者绞尽脑汁，希望能设计出一种新的密码来解决这一重大缺陷。历经了五百多年的时间，这一梦想才得以实现。新一代的密码在安全性上取得了质的飞跃。在随后的三百多年里，密码破译者都没有将其成功破解。

在使用单表代换密码时，密码设计者意识到加密和解密时查阅字母代换表是一件比较麻烦的事情。为了减轻查阅字母代换表的负担，意大利哲学家、建筑师、密码学家 L. 阿尔伯蒂（L. Alberti）设计出了一个机械装置，称为密码盘（Cipher Disk），如图 2.5 所示。密码盘的内圈表示的是明文字母，外圈表示的是密文字母。通过查阅密码盘，信息发送方和信息接收方就可以很快地完成明文与密文的转换。

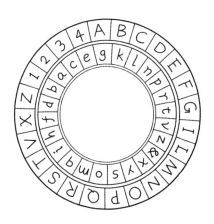

图 2.5 密码盘

密码盘的先进之处在于它是可以转动的。阿尔伯蒂建议每加密 3~4 个字母就应该转动一次密码盘。这也就意味着每加密 3~4 个字母后，所使用的字母代换表就换成了另一个。举例来说，图 2.5 的密码盘，其字母代换表如表 2.5 所示。

表2.5 密码盘字母代换表

b	a	c	e	g	k	l	n	p	r	t	v	z	&	x	y	s	o	m	q	i	h	f	d
↓	↓	↓	↓	↓	↓	↓	↓	↓	↓	↓	↓	↓	↓	↓	↓	↓	↓	↓	↓	↓	↓	↓	↓
1	2	3	4	A	B	C	D	E	F	G	I	L	M	N	O	P	Q	R	S	T	V	X	Z

在加密 3~4 个字母后，将密码盘的外圈顺时针旋转一格，就得到了如表 2.6 所示的一个新的字母代换表。

表2.6 旋转密码盘后的密码盘字母代换表

a	c	e	g	k	l	n	p	r	t	v	z	&	X	y	s	o	m	q	i	h	f	d	b
↓	↓	↓	↓	↓	↓	↓	↓	↓	↓	↓	↓	↓	↓	↓	↓	↓	↓	↓	↓	↓	↓	↓	↓
1	2	3	4	A	B	C	D	E	F	G	I	L	M	N	O	P	Q	R	S	T	V	X	Z

频繁更换的字母代换表能够成功隐藏明文中字母出现的频率信息和单词的固定结构。因此，这种方法可以在一定程度上弥补单表代换密码的重大缺陷。由于在使用这种方式加密明文时，信息发送方实际上使用了多个字母代换表，因此这种密码在历史上也被称为多表代换密码（Polyalphabetic Substitution Cipher）。

阿尔伯蒂的这一加密方法在德国密码学家 J. 特里特米乌斯（J. Trithemius）手中得到了进一步改良。特里特米乌斯意识到，阿尔贝蒂的这种加密方式实际上是用密码盘构造了一个更大的字母代换表。特里特米乌斯进一步借鉴恺撒密码的设计思想，把恺撒密码的字母代换表扩展成了横竖均包含 26 个字母的"方阵"，如表 2.7 所示。

表 2.7　字母代换表方阵

	a	b	c	d	e	f	g	h	i	j	k	l	m	n	o	p	q	r	s	t	u	v	w	x	y	z
B	C	D	E	F	G	H	I	J	K	L	M	N	O	P	Q	R	S	T	U	V	W	X	Y	Z	A
C	D	E	F	G	H	I	J	K	L	M	N	O	P	Q	R	S	T	U	V	W	X	Y	Z	A	B
D	E	F	G	H	I	J	K	L	M	N	O	P	Q	R	S	T	U	V	W	X	Y	Z	A	B	C
E	F	G	H	I	J	K	L	M	N	O	P	Q	R	S	T	U	V	W	X	Y	Z	A	B	C	D
F	G	H	I	J	K	L	M	N	O	P	Q	R	S	T	U	V	W	X	Y	Z	A	B	C	D	E
G	H	I	J	K	L	M	N	O	P	Q	R	S	T	U	V	W	X	Y	Z	A	B	C	D	E	F
H	I	J	K	L	M	N	O	P	Q	R	S	T	U	V	W	X	Y	Z	A	B	C	D	E	F	G
I	J	K	L	M	N	O	P	Q	R	S	T	U	V	W	X	Y	Z	A	B	C	D	E	F	G	H
J	K	L	M	N	O	P	Q	R	S	T	U	V	W	X	Y	Z	A	B	C	D	E	F	G	H	I
K	L	M	N	O	P	Q	R	S	T	U	V	W	X	Y	Z	A	B	C	D	E	F	G	H	I	J
L	M	N	O	P	Q	R	S	T	U	V	W	X	Y	Z	A	B	C	D	E	F	G	H	I	J	K
M	N	O	P	Q	R	S	T	U	V	W	X	Y	Z	A	B	C	D	E	F	G	H	I	J	K	L
N	O	P	Q	R	S	T	U	V	W	X	Y	Z	A	B	C	D	E	F	G	H	I	J	K	L	M
O	P	Q	R	S	T	U	V	W	X	Y	Z	A	B	C	D	E	F	G	H	I	J	K	L	M	N
P	Q	R	S	T	U	V	W	X	Y	Z	A	B	C	D	E	F	G	H	I	J	K	L	M	N	O
Q	R	S	T	U	V	W	X	Y	Z	A	B	C	D	E	F	G	H	I	J	K	L	M	N	O	P
R	S	T	U	V	W	X	Y	Z	A	B	C	D	E	F	G	H	I	J	K	L	M	N	O	P	Q
S	T	U	V	W	X	Y	Z	A	B	C	D	E	F	G	H	I	J	K	L	M	N	O	P	Q	R
T	U	V	W	X	Y	Z	A	B	C	D	E	F	G	H	I	J	K	L	M	N	O	P	Q	R	S
U	V	W	X	Y	Z	A	B	C	D	E	F	G	H	I	J	K	L	M	N	O	P	Q	R	S	T
V	W	X	Y	Z	A	B	C	D	E	F	G	H	I	J	K	L	M	N	O	P	Q	R	S	T	U
W	X	Y	Z	A	B	C	D	E	F	G	H	I	J	K	L	M	N	O	P	Q	R	S	T	U	V
X	Y	Z	A	B	C	D	E	F	G	H	I	J	K	L	M	N	O	P	Q	R	S	T	U	V	W
Y	Z	A	B	C	D	E	F	G	H	I	J	K	L	M	N	O	P	Q	R	S	T	U	V	W	X
Z	A	B	C	D	E	F	G	H	I	J	K	L	M	N	O	P	Q	R	S	T	U	V	W	X	Y

加密时，从上至下按顺序使用字母代换表。举个例子，假设待加密的明文为 man in the moon（月亮上的人）。首先，用 B 行的字母代换表，将明文中的第一个字母 m 代换为 N；随后，用 C 行的字母代换表，将明文中的第二个字母 a 代换为 C；用 D 行的字母代换表，将明文中的第三个字母 n 代换为 Q，以此类推，最终得到的密文为：NCQ MS ZOM VYZZ。

可以看出，这种加密方式在很大程度上克服了单表代换密码的缺陷：明文中相同的两个字母会被代换为密文中的不同字母，如 oo 被代换为 YZ；密文中相同的两个字母表示的可能是不同的明文字母，如 ZZ 对应的明文字母为 on。因此，与单表代换密码相比，特里特米乌斯构造的这一多表代换密码似乎安全性更高。

然而，如果完全按照特里特米乌斯提出的方法加密，那么整个加密过程就没有密钥的参与了。一旦得知密文是由此种方法加密的，任何人都可以方便地构造出相同的字母代换方阵，从而完成密文的解密。为了解决这个问题，意大利密码学家 G. 贝拉索（G. Bellaso）于 1553 年提出了在这个多表代换密码中加入密钥的方法，并把这种方法记录在了他的著作中。

贝拉索将密钥设定为一个单词或一个句子，此处假设密钥为 FIGHT（战斗）。确定密钥后，信息发送方需要重复撰写密钥，直至密钥与明文的长度相同。具体来说，假设需要加密的明文为 man in the moon（月亮上的人）。在明文的下方对位重复多次撰写密钥 FIGHT，使其长度与明文长度严格一致，如表 2.8 所示。

表 2.8　明文 man in the moon 的字母代换过程

m	a	n		i	n		t	h	e		m	o	o	n
F	I	G		H	T		F	I	G		H	T	F	I

最后，信息发送方根据每个明文字母对应的密钥字母来选择字母代换表。例如，明文的第一个字母 m 对应的密钥字母为 F，因此使用 F 行的字母代换表，将 m 代换为 R。明文的第二个字母 a 对应的密钥字母为 I，因此使用 I 行的字母代换表，将 a 代换为 I。以此类推，最终得到密文：RIT PG YPK THTV。

多表代换密码由阿尔伯蒂、特里特米乌斯和贝拉索三人历经一百多年的努力才完成设计，并最终由法国密码学家 B. 维吉尼亚（B. Vigenère）推广使用，维吉尼亚密码（Vigenère Cipher）这一名字便来源于此。此密码在提出后的三百多年间均未得到破解，可算是当时安全性极高的密码了。维吉尼亚密码也因此被赋予了至高荣誉：无法破解的密码（Le chiffre indéchiffrable）。

2.2.2　维吉尼亚密码的缺陷

维吉尼亚密码似乎克服了单表代换密码的所有缺陷，然而它真的那么牢不可破吗？自贝拉索于 1553 年提出这一密码后，一代又一代密码破译者不断找寻方法，时至 1854 年英国数学家 C. 巴贝奇（C. Babbage）才最终攻克了这一无法破解的密码。可想而知，这一密码的破解方法非常复杂，其理论很难用三言两语解释清楚。我们不妨先来看看它本身究竟存在什么缺陷。在了解了它的缺陷后，我们再通过一个实例演示破解此密码的步骤。

维吉尼亚密码最大的特点在于，相同的明文字母会被代换为不同的密文字母，而且代换方式取决于密钥。例如，当密钥为 KING（国王）时，字母代换方阵中仅有 K、I、N、G 对应的四行字母代换表被使用，明文中每一个字母的代换结果一共仅可能存在四种情况。举例来说，如果明文为连续的八个字母 e，即 eeeeeeee，则重复撰写密钥后，得到的明文字母与密钥字母对应关系如表 2.9 所示。

表 2.9　明文 eeeeeeee 中，明文字母与密钥字母的对应关系

e	e	e	e	e	e	e	e
K	I	N	G	K	I	N	G

根据维吉尼亚密码的加密过程，密钥字母 K、I、N、G 会依次将字母 e 代换为 O、M、R、K，得到的密文是：OMRKOMRK。表 2.10 可以更清楚地反映出这一现象，其中阴影部分为加密时所涉及的字母代换表。

表 2.10　明文字母 e 在加密时所涉及的字母代换表

a	b	c	d	e	f	g	h	i	j	k	l	m	n	o	p	q	r	s	t	u	v	w	x	y	z
B	C	D	E	F	G	H	I	J	K	L	M	N	O	P	Q	R	S	T	U	V	W	X	Y	Z	A
C	D	E	F	G	H	I	J	K	L	M	N	O	P	Q	R	S	T	U	V	W	X	Y	Z	A	B
D	E	F	G	H	I	J	K	L	M	N	O	P	Q	R	S	T	U	V	W	X	Y	Z	A	B	C
E	F	G	H	I	J	K	L	M	N	O	P	Q	R	S	T	U	V	W	X	Y	Z	A	B	C	D
F	G	H	I	J	K	L	M	N	O	P	Q	R	S	T	U	V	W	X	Y	Z	A	B	C	D	E
G	H	I	J	K	L	M	N	O	P	Q	R	S	T	U	V	W	X	Y	Z	A	B	C	D	E	F
H	I	J	K	L	M	N	O	P	Q	R	S	T	U	V	W	X	Y	Z	A	B	C	D	E	F	G
I	J	K	L	M	N	O	P	Q	R	S	T	U	V	W	X	Y	Z	A	B	C	D	E	F	G	H
J	K	L	M	N	O	P	Q	R	S	T	U	V	W	X	Y	Z	A	B	C	D	E	F	G	H	I
K	L	M	N	O	P	Q	R	S	T	U	V	W	X	Y	Z	A	B	C	D	E	F	G	H	I	J

续表

a	b	c	d	e	f	g	h	i	j	k	l	m	n	o	p	q	r	s	t	u	v	w	x	y	z
L	M	N	O	P	Q	R	S	T	U	V	W	X	Y	Z	A	B	C	D	E	F	G	H	I	J	K
M	N	O	P	Q	R	S	T	U	V	W	X	Y	Z	A	B	C	D	E	F	G	H	I	J	K	L
N	O	P	Q	R	S	T	U	V	W	X	Y	Z	A	B	C	D	E	F	G	H	I	J	K	L	M
O	P	Q	R	S	T	U	V	W	X	Y	Z	A	B	C	D	E	F	G	H	I	J	K	L	M	N
P	Q	R	S	T	U	V	W	X	Y	Z	A	B	C	D	E	F	G	H	I	J	K	L	M	N	O
Q	R	S	T	U	V	W	X	Y	Z	A	B	C	D	E	F	G	H	I	J	K	L	M	N	O	P
R	S	T	U	V	W	X	Y	Z	A	B	C	D	E	F	G	H	I	J	K	L	M	N	O	P	Q
S	T	U	V	W	X	Y	Z	A	B	C	D	E	F	G	H	I	J	K	L	M	N	O	P	Q	R
T	U	V	W	X	Y	Z	A	B	C	D	E	F	G	H	I	J	K	L	M	N	O	P	Q	R	S
U	V	W	X	Y	Z	A	B	C	D	E	F	G	H	I	J	K	L	M	N	O	P	Q	R	S	T
V	W	X	Y	Z	A	B	C	D	E	F	G	H	I	J	K	L	M	N	O	P	Q	R	S	T	U
W	X	Y	Z	A	B	C	D	E	F	G	H	I	J	K	L	M	N	O	P	Q	R	S	T	U	V
X	Y	Z	A	B	C	D	E	F	G	H	I	J	K	L	M	N	O	P	Q	R	S	T	U	V	W
Y	Z	A	B	C	D	E	F	G	H	I	J	K	L	M	N	O	P	Q	R	S	T	U	V	W	X
Z	A	B	C	D	E	F	G	H	I	J	K	L	M	N	O	P	Q	R	S	T	U	V	W	X	Y

这种情况不光会发生在单个字母上，对于一个单词来说也是一样的：如果密钥为 KING（国王），那么每一个单词的代换结果也存在四种情况。例如单词 the，密钥 KING 与单词 the 一共存在四种对应关系，如表 2.11 所示。

表 2.11　密钥 KING 与明文 the 存在的 4 种对应关系

t	h	e		t	h	e		t	h	e		t	h	e
K	I	N		I	N	G		N	G	K		G	K	I

因此，单词 the 只可能有四种加密结果：DPR、BUK、GNO 和 ZRM。

我们再设置一个更长的明文。假定明文为 the sun and the man in the moon（在月亮中的太阳与人），密钥仍然为 KING（国王）。则明文字母、密钥字母和密文字母的对应关系如表 2.12 所示。

表 2.12　维吉尼亚密码中的安全问题

t	h	e	s	u	n	a	n	d	t	h	e	m	a	n	i	n	t	h	e	m	o	o	n
K	I	N	G	K	I	N	G	K	I	N	G	K	I	N	G	K	I	N	G	K	I	N	G
D	P	R	Y	E	V	N	T	N	B	U	K	W	I	A	O	X	B	U	K	W	W	B	T

可以看到，第二个 the 和第三个 the 的加密结果是相同的。进一步观察可以看出，第二个 the 和第三个 the 的两个 t 的索引值恰好相差 8，而 8 又是密钥 KING 所包含字母个数的 2 倍。密钥中的 ING 部分经过 2 轮重复（第一次对应明文 the，第二次对应明文 ani）之后，再一次和明文 the 对应上了。

利用这个规律判断出密钥的长度后，剩余的破解过程就和单表代换密码完全相同了。本质上，维吉尼亚密码的字母代换表更换频率与密钥长度严格一致。因此，一旦获知了密钥的长度，就能知道间隔多少个字母后，字母代换表会被重复使用。这样一来，就可以把这些密文字母单独汇总起来，按照单表代换密码的破解方法使用频率分析法进行破解了。

2.2.3 维吉尼亚密码的破解

维吉尼亚密码的破解原理相对比较复杂。本节给出一个具体的破解实例，利用上节介绍的维吉尼亚密码的缺陷和频率分析法，对一段使用维吉尼亚密码加密的密文进行完全破解。

假设某一天，某位读者朋友收到了一段密文。除了只知道这段密文是用维吉尼亚密码加密的，且对应的明文是英语之外，其他信息一无所知。这段密文为：

IZPHY	XLZZP	SCULA	TLNQV	FEDEP	QYOEB	SMMOA	AVTSZ	VQATL	LTZSZ
AKXHO	OIZPS	MBLLV	PZCNE	EDBTQ	DLMFZ	ZFTVZ	LHLVP	MBUMA	VMMXG
FHFEP	QFFVX	OQTUR	SRGDP	IFMBU	EIGMR	AFVOE	CBTQF	VYOCM	FTSCH
ROOAP	GVGTS	QYRCI	MHQZA	YHYXG	LZPQB	FYEOM	ZFCKB	LWBTQ	UIHUY
LRDCD	PHPVO	QVVPA	DBMWS	ELOSM	PDCMX	OFBFT	SDTNL	VPTSG	EANMP
MHKAE	PIEFC	WMHPO	MDRVG	OQMPQ	BTAEC	CNUAJ	TNOIR	XODBN	RAIAF
UPHTK	TFIIG	EOMHQ	FPPAJ	BAWSV	ITSMI	MMFYT	SMFDS	VHFWQ	RQ

乍一看，密文似乎没有任何规律可循。不过，只要按照既定的破解步骤，一定能够从密文中发现蛛丝马迹，进而完全破解此段维吉尼亚密码。

　　破解的第一步，是要尝试猜测密文所用密钥的长度。根据 2.2.2 节的讨论，首先要找到密文中重复出现的字母组合。仔细观察密文，可以依次找到五种重复出现的字母组合，分别为：IZP、HYX、EPQ、MBU、TSM。各个字母组合重复出现的位置标注如下：

⬛IZP⬛HYX⬛LZZPSCULATLNQVFED⬛EPQ⬛YOEBSMMOAAVTSZVQATLLTZSZ
AKXHOO⬛IZP⬛SMBLLVPZCNEEDBTQDLMFZZFTVZLHLVP⬛MBU⬛MAVMMXG
FHF⬛EPQ⬛FFVXOQTURSRGDPIF⬛MBU⬛EIGMRAFVOECBTQFVYOCMFTSCH
ROOAPGVGTSQYRCIMHQZAY⬛HYX⬛GLZPQBFYEOMZFCKBLWBTQUIHUY
LRDCDPHPVOQVVPADBMWSELOSMPDCMXOFBFTSDTNLVPTSGEANMP
MHKAEPIEFCWMHPOMDRVGOQMPQBTAECCNUAJTNOIRXODBNRAIAF
UPHTKTFIIGEOMHQFPPAJBAWSVI⬛TSM⬛IMMFY⬛TSM⬛FDSVHFWQRQ

　　第二步，需要数一数各个字母组合重复出现时，字母组合的起始位置以及各个字母组合出现位置的间隔差，如下：

字母组合	字母组合开始位置	开始位置的间隔差
IZP	001、057	$057 - 001 = 056$
HYX	004、172	$172 - 004 = 168$
EPQ	024、104	$104 - 024 = 080$
MBU	091、123	$123 - 091 = 032$
TSM	327、335	$335 - 327 = 008$

　　根据 2.2.2 节的分析，密钥的长度应该可以整除 56、168、80、32 和 8。由于这五个数都可以被 8 整除，因此可以首先大胆猜测密钥的长度就是 8。当然，根据维吉尼亚密码的破解原理，密钥的长度还可能为 4 或者 2。先来试一试密钥长度为 8 的情况，如果猜测不正确，可以再分别尝试密钥长度为 4 或 2 的情况。

　　如果密钥长度为 8，则密文中每隔八个字母就会对应同一个字母代换表。因此，接下来的工作是把密文以 8 为周期进行抽取，汇总为八组密文，并利用频率分析法分别分析这八组密文。这是一项非常复杂的统计工作，可想而知，在计算机未被发明出来之前，即使密码破译者发现了维吉尼亚密码的缺陷，想真正破解密码也需要耗费大量的时间。前文中已经介绍过，字母 e 在英文文本中出现的频率最高，但这只是一个基于大量文本的统计结果。对于特定的一小段文本，e 出现的频率不一定是最高的，但相对来说会比较高。为了避免仅考虑出现概率最高的字母而带来误差，这里我们统计密文中出现频率最高的三个字母。据统计，在一般英文文本中，字母 e、t、a 出现的频率都比较高。因此，密文中出现频率最高的三个字母所对应的明文字母很可能是 e、t、a 中的某一个。

在进行了复杂的统计工作后，最终我们得到了如表 2.13 所示的统计结果。

表 2.13　破解维吉尼亚密码所得到的统计信息

分组	1		2		3		4		5		6		7		8	
	字母	次数	字母	次数	字母	次数	字母	次数	字母	次数	字母	次数	字母	次数	字母	次数
出现频率排名前三位的字母	M	11	P	8	Q	9	S	8	V	9	H	5	EO	6	O	5
	B	6	F	5	A	5	C	7	FU	4	BEG LMX	4	AH	5	LSZ	4
	V	5	RTZ	4	DFMT	4	F	5								

第一组密文中，字母 M 出现的次数最多，一共出现了 11 次，合理推断密文字母 M 对应的明文字母为 e。如果这一推断正确，根据维吉尼亚密码字母代换方阵，第一个密钥字母应该为 I，如表 2.14 所示。

表 2.14　第一个密钥字母可能为 I

a	b	c	d	e	f	g	h	i	j	k	l	m	n	o	p	q	r	s	t	u	v	w	x	y	z
B	C	D	E	F	G	H	I	J	K	L	M	N	O	P	Q	R	S	T	U	V	W	X	Y	Z	A
C	D	E	F	G	H	I	J	K	L	M	N	O	P	Q	R	S	T	U	V	W	X	Y	Z	A	B
D	E	F	G	H	I	J	K	L	M	N	O	P	Q	R	S	T	U	V	W	X	Y	Z	A	B	C
E	F	G	H	I	J	K	L	M	N	O	P	Q	R	S	T	U	V	W	X	Y	Z	A	B	C	D
F	G	H	I	J	K	L	M	N	O	P	Q	R	S	T	U	V	W	X	Y	Z	A	B	C	D	E
G	H	I	J	K	L	M	N	O	P	Q	R	S	T	U	V	W	X	Y	Z	A	B	C	D	E	F
H	I	J	K	L	M	N	O	P	Q	R	S	T	U	V	W	X	Y	Z	A	B	C	D	E	F	G
I	J	K	L	M	N	O	P	Q	R	S	T	U	V	W	X	Y	Z	A	B	C	D	E	F	G	H
J	K	L	M	N	O	P	Q	R	S	T	U	V	W	X	Y	Z	A	B	C	D	E	F	G	H	I

在密钥首字母为 I 的前提下，明文字母 t 对应的密文字母应该为 B，而据统计 B 在密文字母中出现的频率也非常高。因此，第一个密钥字母为 I 的可能性很大。

第二组的情况有些复杂。密文字母 P 出现的次数最多，一共出现了九次，合理推断密文字母 P 对应的明文字母为 e。但如果这一推断正确，第二个密钥字母应该为 L，如表 2.15 所示。

表 2.15　第二个密钥字母可能为 L

a	b	c	d	e	f	g	h	i	j	k	l	m	n	o	p	q	r	s	t	u	v	w	x	y	z
B	C	D	E	F	G	H	I	J	K	L	M	N	O	P	Q	R	S	T	U	V	W	X	Y	Z	A
C	D	E	F	G	H	I	J	K	L	M	N	O	P	Q	R	S	T	U	V	W	X	Y	Z	A	B
D	E	F	G	H	I	J	K	L	M	N	O	P	Q	R	S	T	U	V	W	X	Y	Z	A	B	C
E	F	G	H	I	J	K	L	M	N	O	P	Q	R	S	T	U	V	W	X	Y	Z	A	B	C	D
F	G	H	I	J	K	L	M	N	O	P	Q	R	S	T	U	V	W	X	Y	Z	A	B	C	D	E
G	H	I	J	K	L	M	N	O	P	Q	R	S	T	U	V	W	X	Y	Z	A	B	C	D	E	F
H	I	J	K	L	M	N	O	P	Q	R	S	T	U	V	W	X	Y	Z	A	B	C	D	E	F	G
I	J	K	L	M	N	O	P	Q	R	S	T	U	V	W	X	Y	Z	A	B	C	D	E	F	G	H
J	K	L	M	N	O	P	Q	R	S	T	U	V	W	X	Y	Z	A	B	C	D	E	F	G	H	I
K	L	M	N	O	P	Q	R	S	T	U	V	W	X	Y	Z	A	B	C	D	E	F	G	H	I	J
L	M	N	O	P	Q	R	S	T	U	V	W	X	Y	Z	A	B	C	D	E	F	G	H	I	J	K
M	N	O	P	Q	R	S	T	U	V	W	X	Y	Z	A	B	C	D	E	F	G	H	I	J	K	L

但这样一来，明文字母 t 对应的密文字母应该为 E，明文字母 a 对应的密文字母应该为 L。可是 E 和 L 在密文中出现的频率都非常低，这似乎并不正常。经过多番尝试，可以推断出第二个密钥字母很可能为 M，此时明文字母 e、t、a 对应的密文字母分别为 Q、F、M。虽然只有密文字母 F 出现在了表 2.13 中，但实际上密文字母 Q 和 M 在第二组中出现的次数均为三，也属于出现频率较高的密文字母。

经过类似的猜测与尝试，最终将密钥确定为 IMMORTAL（不朽的），而此时密文的破解结果也是有意义的。在增加必要的空格，并修改部分单词的大小写形式后，可以发现密文对应的明文实际上是《圣经》中的一段话：

耶和华神说，那人已经与我们相似，能知道善恶。现在恐怕他伸手又摘生命树的果子吃，就永远活着。耶和华神便打发他出伊甸园去，耕种他所自出之土。于是把他赶出去了。又在伊甸园的东边安设基路伯和四面转动发火焰的剑，要把守生命树的道路。

至此，我们遵循巴贝奇的破解方法，利用维吉尼亚密码的缺陷成功破解了一段应用维吉尼亚密码加密的密文。统计猜测密钥长度的方法不仅限于例子中使用的那一种。1863 年，德国密码学家 F. 卡斯基（F. Kasiski）也公开了一份针对维吉尼亚密码的破解方法，历史上被称为卡斯基检测法（Kasiski Test）。这种破解方法利用了统计学原理猜测密钥的长度，破解更加简单，但理解起来需要一定的数学知识，本节就不展开讲解了。

从破解过程中可以体会到，维吉尼亚密码的破解依赖于两个事实：（1）维吉尼亚密码中字母代换表的循环间隔与密钥的长度完全相同；（2）破解时需要获得足够长的密文。对于用来表白的密码来说，无须担心维吉尼亚密码会被旁人破解，毕竟表白的话通常都是短小精悍的。但是，对于战争中的保密通信来说，军方更倾向于使用一个比较短的密钥加密比较长的明文。因此，在战争中使用维吉尼亚密码加密仍然不够安全。

2.2.4 《消失》：不能用频率分析法攻击的文本

破解单表代换密码和类似维吉尼亚密码这种多表代换密码时，通常都需要利用频率分析法。换句话说，破解过程的重要一步就是分析密文中出现频率较高的字母，这个密文字母很可能对应的是明文字母 e。然而，从上文破解维吉尼亚密码的例子中，我们可以发现这种统计规律有时候并不可靠。例如在破解第二组密文时，明文字母 e 对应的密文字母在密文中出现的频率相对较低。

那么，能不能通过巧妙地设计明文内容，使得明文中字母 e 出现的频率非常低，进而从明文的角度抵抗频率分析法呢？其实世界上确实存在一本书，书中竟然通篇没有出现过一次字母 e。这本书就是法国作家 G. 佩雷克（G. Perec）于

1969 年出版的法语书《消失》（*La Disparation*）。巧合的是，佩雷克的名字中刚好也含有字母 e，因此确切来说还是可以从这本书中找到字母 e 的。《消失》整本书有 157 页，下面让我们来看看这本书的三个自然段：

Un corps noir tranchant un flamant au vol bas un bruit fuit au sol （qu'avant son parcours lourd dorait un son crissant au grain d'air）il court portant son sang plus loin son charbon qui bat

Si nul n'allait brillant sur lui pas à pas dur cil aujourd'hui plomb au fil du bras gourd Si tombait nu grillon dans l'hors vu au sourd mouvant baillon du gris hasard sans compas l'alpha signal inconstant du vrai diffus qui saurait （saisissant （un doux soir confus ainsi on croit voir un pont à son galop）

un non qu'à ton stylo tu donnas brûlant） qu'ici on dit （par un trait manquant plus clos） l'art toujours su du chant—combat （noit pour blanc）

想必读者朋友已经认真"品读"过每一个字母了，的确没有出现字母 e。苏格兰小说家 G. 阿戴（G. Adair）将佩雷克的这本法语书翻译成了一本 300 页的英语书，起名为《虚空》（*A Void*）。令人惊奇的是，这本译作同样没有用过哪怕一次字母 e！我们再来看看《虚空》的第一自然段：

Today, by radio, and also on giant hoardings, a rabbi, an admiral notorious for his links to masonry, a trio of cardinals, a trio, too, of insignificant politicians （bought and paid for by a rich and corrupt Anglo—Canadian banking corporation）, inform us all of how our country now risks dying of starvation. A rumour, that's my initial thought as I switch off my radio, a rumour or possibly a hoax. Propaganda, I murmur anxiously—as though, just by saying so, I might allay my doubts—typical politicians' propaganda. But public opinion gradually absorbs it as a fact. Individuals start strutting around with stout clubs. "Food, glorious food!" is a common cry （occasionally sung to Bart's music）, with ordinary hard—working folk harassing officials, both local and national, and cursing capitalists and captains of industry. Cops shrink from going out on night shift. In

Mâcon a mob storms a municipal building. In Rocadamour ruffians rob a hangar full of foodstuffs, pillaging tons of tuna fish, milk and cocoa, as also a vast quantity of corn——all of it, alas, totally unfit for human consumption. Without fuss or ado, and naturally without any sort of trial, an indignant crowd hangs 26 solicitors on a hastily built scaffold in front of Nancy's law courts（this Nancy is a town, not a woman）and ransacks a local journal, a disgusting right——wing rag that is siding against it. Up and down this land of ours looting has brought docks, shops and farms to a virtual standstill.

此类神奇的著作前无古人，恐怕也后无来者了。通过这种方式避免频率分析攻击并不是一种简便而可靠的方法。即便真能简单地撰写出不包含字母 e 的文本，其他字母的出现频率很可能仍然包含特定的规律，总会让密码破译者有可乘之机。密码设计者还是需要从密码本身考虑，设计更安全的加密方法。

2.3　恩尼格玛机：第二次世界大战德军的密码

战争期间传输的军事情报一旦被敌方获取并破解，敌方便可以根据情报有针对性地采取相应的部署。在第一次世界大战中，ADFGVX 密码的破解直接导致德军在随后的战役中损失惨重。然而，更加安全的加密方案一般意味着更加复杂的加密和解密过程，意味着信息发送方和信息接收方在加密和解密过程中需要完成更多复杂的步骤。随之而来的是两个致命的问题。第一，如果加密和解密过程过于复杂，信息发送方或信息接收方在人工加密和解密时便更容易出现错误，导致信息传输不准确。第二，人工加密和解密的速度通常较慢，复杂的解密过程可能导致信息接收方无法及时将密文恢复为明文，使得发送的信息丧失时效性。在瞬息万变的战场环境中，信息传递速度越慢，越会延误战机，造成不可估量的后果。

为了方便信息发送方和信息接收方快速而准确地完成加密和解密过程，保证信息的时效性，同时提高密码的安全性，密码设计者开始考虑利用机器稳定而高效的信息处理能力协助人类实现信息的快速加解密。在第二次世界大战期间，密码设计者发明了许多种加密机：英军使用的是 X 型（Type X）密码机；美军使用的是更为先进的 SIGABA（或称 M–134）密码机。最为经典的加密机无疑是德军所使用的恩尼格玛机。

2.3.1 恩尼格玛机的核心：转子

第二次世界大战时期几乎所有的加密机都要用到一个核心部件：转子（Rotor）。可以说，转子的发明让机器加密成为可能。图 2.6 给出了转子的内部结构，这个转子现陈列于美国国家密码博物馆。转子的正面和反面上各有 26 个金色圆柱体，分别对应 26 个英文字母。然而，正面和反面所对应的 26 个字母是不一样的，它们的对应关系由图 2.6 右边的绿色电线决定。当有电信号联通到其中一个金色圆柱体时，电信号会依次经过金色圆柱体和绿色电线传递到另一面。这样一来，密码设计者就可以利用电信号的传递实现字母的自动代换功能了。也就是说，每一个转子都对应一个特别设计的字母代换表。

图 2.6　陈列在美国国家密码博物馆的转子

如果只是实现了字母自动代换的功能，转子也就不会被写入到密码学史中了。转子的巧妙之处在于，可以将转子与转子以一定方式相互连接，构成一个新的字母代换表。图 2.7 给出了两个转子的连接方法。

图 2.7　两个转子的连接方法

来看一个简单的例子。假定第一个转子对应的字母代换表为：

a	b	c	d	e	f	g	h	i	j	k	l	m	n	o	p	q	r	s	t	u	v	w	x	y	z
↓	↓	↓	↓	↓	↓	↓	↓	↓	↓	↓	↓	↓	↓	↓	↓	↓	↓	↓	↓	↓	↓	↓	↓	↓	↓
D	M	T	W	S	I	L	R	U	Y	Q	N	K	F	E	J	C	A	Z	B	P	G	X	O	H	V

第二个转子对应的字母代换表为：

a	b	c	d	e	f	g	h	i	j	k	l	m	n	o	p	q	r	s	t	u	v	w	x	y	z
↓	↓	↓	↓	↓	↓	↓	↓	↓	↓	↓	↓	↓	↓	↓	↓	↓	↓	↓	↓	↓	↓	↓	↓	↓	↓
H	Q	Z	G	P	J	T	M	O	B	L	N	C	I	F	D	Y	A	W	V	E	U	S	R	K	X

现在，把第二个字母代换表的代换顺序稍微调整一下，让它和第一个字母代换表的代换结果对应起来，就可以得到：

d	m	t	w	s	i	l	r	u	y	q	n	k	f	e	j	c	a	z	b	p	g	x	o	h	v
↓	↓	↓	↓	↓	↓	↓	↓	↓	↓	↓	↓	↓	↓	↓	↓	↓	↓	↓	↓	↓	↓	↓	↓	↓	↓
G	C	V	S	W	O	N	A	E	K	Y	I	L	J	P	B	Z	H	X	Q	D	T	R	F	M	U

把两个字母代换表连接起来：

a	b	c	d	e	f	g	h	i	j	k	l	m	n	o	p	q	r	s	t	u	v	w	x	y	z
↓	↓	↓	↓	↓	↓	↓	↓	↓	↓	↓	↓	↓	↓	↓	↓	↓	↓	↓	↓	↓	↓	↓	↓	↓	↓
D	M	T	W	S	I	L	R	U	Y	Q	N	K	F	E	J	C	A	Z	B	P	G	X	O	H	V
↓	↓	↓	↓	↓	↓	↓	↓	↓	↓	↓	↓	↓	↓	↓	↓	↓	↓	↓	↓	↓	↓	↓	↓	↓	↓
G	C	V	S	W	O	N	A	E	K	Y	I	L	J	P	B	Z	H	X	Q	D	T	R	F	M	U

便形成了一个新的字母代换表：

a	b	c	d	e	f	g	h	i	j	k	l	m	n	o	p	q	r	s	t	u	v	w	x	y	z
↓	↓	↓	↓	↓	↓	↓	↓	↓	↓	↓	↓	↓	↓	↓	↓	↓	↓	↓	↓	↓	↓	↓	↓	↓	↓
G	C	V	S	W	O	N	A	E	K	Y	I	L	J	P	B	Z	H	X	Q	D	T	R	F	M	U

既然每个字母代换表都对应一个特别的转子，为何还要通过连接多个其他的转子来构造新的代换表呢？直接再构造一个代换表所对应的转子不是更方便吗？这里需要注意的是，维吉尼亚密码的本质是根据密钥来有选择性地使用对应的字母代换表，而它最大的缺陷是字母代换表的短周期循环使用问题。密钥单词的字母有多长，加密时便循环使用了多少种字母代换表。转子是可以转动的，每转动一次，所对应的字母代换表就会变换一次。举例来说，第一个转子转动一次后，字母代换表会平移一次，原始字母代换表：

a	b	c	d	e	f	g	h	i	j	k	l	m	n	o	P	q	r	s	t	u	v	w	x	y	z
↓	↓	↓	↓	↓	↓	↓	↓	↓	↓	↓	↓	↓	↓	↓	↓	↓	↓	↓	↓	↓	↓	↓	↓	↓	↓
D	M	T	W	S	I	L	R	U	Y	Q	N	K	F	E	J	C	A	Z	B	P	G	X	O	H	V

上方的字母就会向右平移，变成了新的字母代换表：

z	a	b	c	d	e	f	g	h	i	j	k	l	m	n	o	p	q	r	s	t	u	v	w	x	y
↓	↓	↓	↓	↓	↓	↓	↓	↓	↓	↓	↓	↓	↓	↓	↓	↓	↓	↓	↓	↓	↓	↓	↓	↓	↓
D	M	T	W	S	I	L	R	U	Y	Q	N	K	F	E	J	C	A	Z	B	P	G	X	O	H	V

也就是说，转子转动一次后新的字母代换表变为：

a	b	c	d	e	f	g	h	i	j	k	l	m	n	o	p	q	r	s	t	u	v	w	x	y	z
↓	↓	↓	↓	↓	↓	↓	↓	↓	↓	↓	↓	↓	↓	↓	↓	↓	↓	↓	↓	↓	↓	↓	↓	↓	↓
M	T	W	S	I	L	R	U	Y	Q	N	K	F	E	J	C	A	Z	B	P	G	X	O	H	V	D

再把第二个转子考虑进来，由于第二个转子的字母代换表没有发生变化，因此两个转子共同构成的字母代换表就变为：

a	b	c	d	e	f	g	h	i	j	k	l	m	n	o	p	q	r	s	t	u	v	w	x	y	z
↓	↓	↓	↓	↓	↓	↓	↓	↓	↓	↓	↓	↓	↓	↓	↓	↓	↓	↓	↓	↓	↓	↓	↓	↓	↓
M	T	W	S	I	L	R	U	Y	Q	N	K	F	E	J	C	A	Z	B	P	G	X	O	H	V	D
↓	↓	↓	↓	↓	↓	↓	↓	↓	↓	↓	↓	↓	↓	↓	↓	↓	↓	↓	↓	↓	↓	↓	↓	↓	↓
C	V	S	W	O	N	A	E	K	Y	I	L	J	P	B	Z	H	X	Q	D	T	R	F	M	U	G

在实际使用转子时，转子的转动关系可以形象地与时钟的工作原理类比。时钟的时针、分针和秒针的转动关系如图 2.8 所示。时钟的秒针每 1 秒会转动 1 次，当秒针转动 60 次后，分针才会转动 1 次；当分针转动 60 次后，时针才会转动 1 次；当时针也转动了 12 次后，时钟的秒针、分针、时针位置才会和 12 个小时前的位置完全一致，出现循环状态。

图 2.8　时钟的时针、分针、秒针转动关系

转子的转动关系与之类似。每代换完一个字母，其中一个转子就会转动一次；当这个转子转动到某个点后，第二个转子才会转动一次；当第二个转子也转动到某个点后，第三个转子才会转动一次，以此类推。这三个转子一共可以对应 $26 \times 26 \times 26 = 17\,576$ 个字母代换表。换句话说，虽然密钥只包含三个字母，但字母代换表的循环使用周期从 3 扩展为 17 576，循环周期大大增加。这彻底解决了维吉尼亚密码的最大缺陷。

转子这一改变密码学历史的发明，其诞生并非是一蹴而就的。美国密码学家 E. 赫本（E. Hebern）在 1917 年最先设计出转子，并在 1918 年设计出基于转子的加密机原型。赫本专门成立了赫本电码机公司，以制作加密机并尝试将其卖给美国海军。然而，这个加密机的生意并不是特别好做。荷兰密码学家 H. 库奇（H. Koch）在 1919 年也提出了转子的概念，但他只是和另一位德国密码学家 A. 谢尔比乌斯（A. Scherbius）合作撰写了转子的相关专利。谢尔比乌斯于 1923 年设计出了第一台商用恩尼格玛机，这台密码机的销售情况并不理想。直到谢尔比乌斯去世几年后，才终于有人将目光投向了这台具有划时代意义的加密机，这便是当时的纳粹德国。1926 年，德国海军对商用恩尼格玛机进行了简单的改良后，便将其应用到海军军事通信中。短短两年内，恩尼格玛机迅速在德军中传播开来，被广泛使用于德军的军用通信中。

2.3.2 恩尼格玛机的组成和使用方法

在介绍恩尼格玛机的工作原理之前，我们先一起来学习恩尼格玛机的使用方法。图 2.9 是一台标准的恩尼格玛机，总共由四个部分组成：

· 上方的金属部分是转子。可以看到，德军所使用的恩尼格玛机一共包含三个转子。

· 中间的 26 个白灯为灯盘（Lampboard），可以从灯盘上快速得到加密和解密的结果。

· 下方的 26 个按钮为键盘（Keyboard），可以通过键盘输入明文和密文。

· 最下方是插接板（Plugboard）。插接板的连接关系使恩尼格玛机的密钥变得更为复杂。

图 2.9　纳粹德国所使用的恩尼格玛机

恩尼格玛机的使用方法非常方便。在设置好恩尼格玛机的密钥后，信息发送方 / 信息接收方只需要在键盘上按下明文字母 / 密文字母，灯盘上便会显示对应的密文字母／明文字母。图 2.10 演示了恩尼格玛机的加密过程。假定明文是 numberphile（数字狂 ①）。当在恩尼格玛机上按下第一个明文字母 n 时，灯盘上的字母 Y 被点亮，这意味着字母 Y 就是明文字母 n 所对应的密文字母。

图 2.10　用恩尼格玛加密第一个明文字母 n

按下一个字母后，恩尼格玛机上方的转子会自主转动，不需要人工操作。信息发送方只需要在键盘上输入下一个明文字母 u，便得到下一个对应的密文字母 T，如图 2.11 所示。

图 2.11　用恩尼格玛机加密下一个明文字母 u

---

① numberphile 是 YouTube 网站上的一个教育频道，发布的视频内容主要探讨各个数学领域的主题。Numberphile 发布过多个以密码为主题的视频，其中就包括恩尼格玛机的介绍视频。

依顺序按下各个明文字母 n、u、m、b、e、r、p、h、i、l、e，就可以依次得到对应的密文字母 Y、T、H、M、Y、I、U、R、F、G、W。最终，我们得到明文 numberphile 对应的密文 YTHMYIURFGW。

当然，纳粹德国使用的语言是德语，而非英语。德语中除了包含 26 个英语字母外，还包含四个特殊的字符，分别为：Ä、Ö、Ü、ß。在使用恩尼格玛机时，德军将这四个特殊的字符分别替换为英文字母 AE、OE、UE、SS，以实现所有德语信息的准确加解密。如今在德国，人们仍然会在某些场合使用这些特殊字母的替换形式。例如，在发送电子邮件时，为避免 Ä、Ö、Ü、ß这四个字母的出现导致乱码问题，一些德国人会将邮件中所有的特殊字母替换为如上所述的形式，甚至包括自己名字中的特殊字母。

由此可见，恩尼格玛机的使用既高效又便捷。更为可贵的是，恩尼格玛机的体积不大，易于携带，德军可以将恩尼格玛机放置在军舰、飞机甚至坦克上。有了恩尼格玛机的保驾护航，纳粹德国终于可以不用担心军事信息被盟军破解了。

2.3.3 恩尼格玛机的工作原理

在学习了恩尼格玛机的使用方法后，我们就可以详细介绍恩尼格玛机的工作原理了。首先介绍恩尼格玛机中转子对应的字母代换方法。标准的恩尼格玛机上可以安装三个转子，分别为左转子（Left Roter）、中转子（Middle Rotor）和右转子（Right Rotor）。进一步，可以从备选的五个转子中随意挑选出三个转子，按照一定顺序安装在恩尼格玛机上。也就是说，共有 $5 \times 4 \times 3 = 60$ 种转子组合的可能。五个备选转子所对应的字母代换表如下。

· 转子 I：

a	b	c	d	e	f	g	h	i	j	k	l	m	n	o	p	q	r	s	t	u	v	w	x	y	z
E	K	M	F	L	G	D	Q	V	Z	N	T	O	W	Y	H	X	U	S	P	A	I	B	R	C	J

·转子Ⅱ：

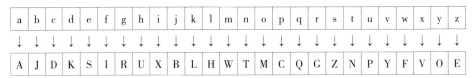

a	b	c	d	e	f	g	h	i	j	k	l	m	n	o	p	q	r	s	t	u	v	w	x	y	z
↓	↓	↓	↓	↓	↓	↓	↓	↓	↓	↓	↓	↓	↓	↓	↓	↓	↓	↓	↓	↓	↓	↓	↓	↓	↓
A	J	D	K	S	I	R	U	X	B	L	H	W	T	M	C	Q	G	Z	N	P	Y	F	V	O	E

·转子Ⅲ：

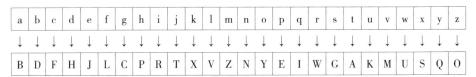

a	b	c	d	e	f	g	h	i	j	k	l	m	n	o	p	q	r	s	t	u	v	w	x	y	z
↓	↓	↓	↓	↓	↓	↓	↓	↓	↓	↓	↓	↓	↓	↓	↓	↓	↓	↓	↓	↓	↓	↓	↓	↓	↓
B	D	F	H	J	L	C	P	R	T	X	V	Z	N	Y	E	I	W	G	A	K	M	U	S	Q	O

·转子Ⅳ：

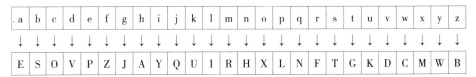

a	b	c	d	e	f	g	h	i	j	k	l	m	n	o	p	q	r	s	t	u	v	w	x	y	z
↓	↓	↓	↓	↓	↓	↓	↓	↓	↓	↓	↓	↓	↓	↓	↓	↓	↓	↓	↓	↓	↓	↓	↓	↓	↓
E	S	O	V	P	Z	J	A	Y	Q	U	I	R	H	X	L	N	F	T	G	K	D	C	M	W	B

·转子Ⅴ：

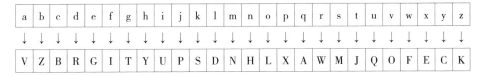

a	b	c	d	e	f	g	h	i	j	k	l	m	n	o	p	q	r	s	t	u	v	w	x	y	z
↓	↓	↓	↓	↓	↓	↓	↓	↓	↓	↓	↓	↓	↓	↓	↓	↓	↓	↓	↓	↓	↓	↓	↓	↓	↓
V	Z	B	R	G	I	T	Y	U	P	S	D	N	H	L	X	A	W	M	J	Q	O	F	E	C	K

明文字母依次通过三个转子后，还会通过一个叫作反射器（Reflector）的装置。字母经过反射器后，会再次倒序经过之前的三个转子，得到最终的明文代换结果。反射器实际上也是一个字母代换表，只不过反射器对应的字母代换表就像一个镜子一样，一对一对地将字母反射回去。因此，德军把反射器称为 Umkehrwalze，缩写为 UKW，意思是反转转子（Reversal Rotor）。历史上德军一共使用过三种反射器，分别命名为 UKW-A、UKW-B 和 UKW-C。实际上还存在一种反射器 UKW-D，它的作用和前三种反射器不太一样。前三种反射器对应的字母代换表如下：

· UKW-A：

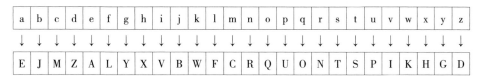

a	b	c	d	e	f	g	h	i	j	k	l	m	n	o	p	q	r	s	t	u	v	w	x	y	z
↓	↓	↓	↓	↓	↓	↓	↓	↓	↓	↓	↓	↓	↓	↓	↓	↓	↓	↓	↓	↓	↓	↓	↓	↓	↓
E	J	M	Z	A	L	Y	X	V	B	W	F	C	R	Q	U	O	N	T	S	P	I	K	H	G	D

· UKW-B：

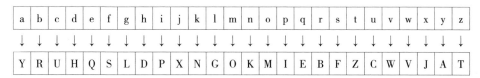

a	b	c	d	e	f	g	h	i	j	k	l	m	n	o	p	q	r	s	t	u	v	w	x	y	z
↓	↓	↓	↓	↓	↓	↓	↓	↓	↓	↓	↓	↓	↓	↓	↓	↓	↓	↓	↓	↓	↓	↓	↓	↓	↓
Y	R	U	H	Q	S	L	D	P	X	N	G	O	K	M	I	E	B	F	Z	C	W	V	J	A	T

· UKW-C：

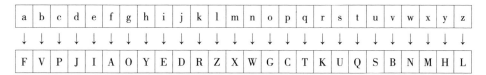

a	b	c	d	e	f	g	h	i	j	k	l	m	n	o	p	q	r	s	t	u	v	w	x	y	z
↓	↓	↓	↓	↓	↓	↓	↓	↓	↓	↓	↓	↓	↓	↓	↓	↓	↓	↓	↓	↓	↓	↓	↓	↓	↓
F	V	P	J	I	A	O	Y	E	D	R	Z	X	W	G	C	T	K	U	Q	S	B	N	M	H	L

什么叫作"像一个镜子一样，一对一对地将字母反射回去"呢？以反射器 UKW-B 为例。仔细观察字母代换表，会发现这个字母代换表非常简单，也很有规律：字母 a 被代换为字母 Y，字母 y 被代换为 A；同样地，字母 b 被代换为 R，字母 r 被代换为 B。实际上，26 个字母被成对划分，每对字母互为映射结果，就像照镜子一样。

下面用一个例子来说明转子和反射器的工作原理。假定信息发送方将左转子设置为转子Ⅰ、将中转子设置为转子Ⅱ、将右转子设置为转子Ⅲ，反射器为 UKW-B，则明文字母 w 的代换过程如图 2.12 所示。明文字母 w 会依次被右转子代换为 U，被中转子代换为 P，再被左转子代换为 H。随后，字母 H 经过反射器后被代换为 D。接下来，字母 D 又依次被左转子代换为 G、被中转子代换为 R、被右转子代换为 I。最终，明文字母 w 被代换为密文字母 I。

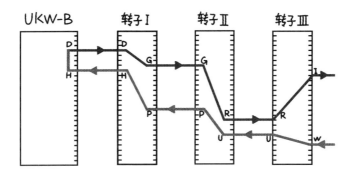

图 2.12　转子和反射器的工作原理演示

在商用版本的恩尼格玛机中，右转子的右侧还存在一个称为定子（Static Wheel）的装置。定子也包含了一次字母代换，对应的字母代换表为：

a	b	c	d	e	f	g	h	i	j	k	l	m	n	o	p	q	r	s	t	u	v	w	x	y	z
↓	↓	↓	↓	↓	↓	↓	↓	↓	↓	↓	↓	↓	↓	↓	↓	↓	↓	↓	↓	↓	↓	↓	↓	↓	↓
J	W	U	L	C	M	N	O	H	P	Q	Z	Y	X	I	R	A	D	K	E	G	V	B	T	S	F

这个字母代换表看似毫无规律，但如果把表格上下行翻转一下，让上行表示代换字母，下行表示原始字母的话，就可以看出其中的规律了：

A	B	C	D	E	F	G	H	I	J	K	L	M	N	O	P	Q	R	S	T	U	V	W	X	Y	Z
↑	↑	↑	↑	↑	↑	↑	↑	↑	↑	↑	↑	↑	↑	↑	↑	↑	↑	↑	↑	↑	↑	↑	↑	↑	↑
q	w	e	r	t	z	u	i	o	a	s	d	f	g	h	j	k	p	y	x	c	v	b	n	m	l

定子的字母代换表和键盘代换非常相近。实际上，定子的字母代换表严格对应恩尼格玛机的键盘。

每个转子只有 26 种可能的位置，三个转子总共有 $26 \times 26 \times 26 = 17\,576$ 种可能的位置组合[①]；一共有五个备选转子，从五个备选转子中按顺序选择出三个

---

① 实际上，一台恩尼格玛机的转子只拥有 $26 \times 25 \times 26 = 16\,900$ 种可能，这是因为每次恩尼格玛机的中转子转动到 E、右转子转动到 W 时（表示为 EW），下一次转动后的结果不为 EX，而是 FX。这是恩尼格玛机实际使用时发现的小缺陷。

转子，一共有 $5 \times 4 \times 3 = 60$ 种可能的选择方法。因此，总共可用的密钥数量只有 $17\,576 \times 60 = 1\,054\,560$ 种。可用的密钥数量看起来不算小，但仍然有可能通过遍历所有可能密钥的方式，暴力破解出密钥。

为了进一步扩展可用密钥的数量，德军在恩尼格玛机上加装了插接板。在使用恩尼格玛机时，需要用所谓的插接线，把插接板上的字母连接起来。假设使用一条插接线将插接板上的 T 和 K 连接了起来，使用另一条插接线将插接板上的 G 和 W 连接起来。如果明文字母中包含 t，则 t 首先会被代换成 K，再进入转子和反射器进行代换。如果代换结果为 W，则 W 会再经过插接板被代换为 G。也就是说，插接板上的插接线又构成了一个字母代换表，并且这个字母代换表不是固定不变的，而是在每次使用过程中手动设置的。

下面用一个例子演示一下恩尼格玛机完整的字母代换步骤。首先，依次设置转子和插接板。转子的设置方法是：左转子为转子 I、中转子为转子 II、右转子为转子 III，初始位置均为 A。随后，设置反射器为 UKW–B。接下来设置插接板。德军要求一共要用插接线连接 10 对字母。这里把插接板设置为：A 与 Z 连接、B 与 P 连接、C 与 H 连接、D 与 N 连接、E 与 M 连接、F 与 S 连接、G 与 W 连接、J 与 Y 连接、K 与 T 连接、L 与 Q 连接。没有连接的字母表示不进行代换。因此，插接板对应的字母代换表如下：

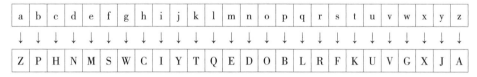

当在键盘上输入一个明文字母 p 时，恩尼格玛机对其代换的整个过程如图 2.13 所示。首先，根据插接板的字母代换表，明文字母 p 被代换为 B。随后，字母 B 依次经过定子、右转子、中转子、左转子后，被代换为字母 H。接下来，字母 H 经过反射器后，再依次经过左转子、中转子、右转子、定子，被代换为字母 O。最后，根据插接板的字母代换表，字母 O 最终被代换为密文字母 O。在输入下一

个明文字母之前，右转子会转动一位，这会使恩尼格玛机的整个字母代换表都发生变化。

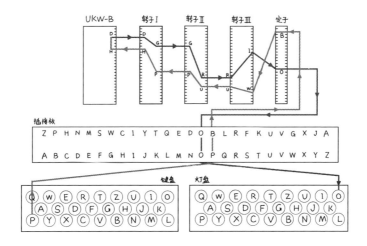

图 2.13　加密字母 T 时，恩尼格玛机的完整代换过程

下面我们来完整计算一下单次加密时，恩尼格玛机所有可能的设置方式，也就是恩尼格玛机密钥的所有可能。总共需要考虑三个影响因素：转子的选择、转子的初始位置以及插接板的连接方式。

转子的选择： 在设置恩尼格玛机时，可以从五个备选转子中按顺序选择出三个转子，总计有 $5 \times 4 \times 3 = 60$ 种可能的选择组合。

转子的初始位置： 每个转子有 26 种可能的初始位置，三个转子一共有 $26 \times 26 \times 26 = 17\,576$ 种可能的初始位置。

插接板的连接方式： 插接板可能的连接方式计算起来有些复杂：

· 英语中一共有 26 个字母，将这 26 个字母进行排列，则一共有 $26 \times 25 \times 24 \times \cdots \times 1 = 26!$ 种可能的结果；

· 德军要求要用插接线连接 10 对字母，即选出 20 个字母两两一组，不用关心剩下六个字母的排列情况。六个字母一共有 $6 \times 5 \times \cdots \times 1 = 6!$ 种可能的排列情况，因此上述结果要除以 $6!$；

· 要使用插接线连接 10 对字母，连接是无序的。举例来说，先连接 A 与 Z、后连接 B 与 P，和先连接 B 与 P、后连接 A 与 Z 完全等价。因此，不需要关心 10 对字母的顺序，上述结果要除以 $10 \times 9 \times \cdots \times 1 = 10!$；

· 由于字母是成对连接的，这意味着每对字母互换顺序也不会造成影响。举例来说，连接 A 与 Z 和连接 Z 与 A 完全等价。因此，每一对字母都要除以 2，一共有 10 对字母，故上述结果要除以 2^{10}；

综上所述，插接板连接的可能性为 $\dfrac{26!}{6! \times 10! \times 2^{10}} = 150\,738\,274\,937\,250$ 种。

把以上计算出的所有结果相乘，才能最终得到恩尼格玛机可用的密钥总数目。密钥总共有 $158\,962\,555\,217\,826\,360\,000$ 种可能。

这个数有多大呢？大约是 2005 年美国国会图书馆藏品总数量的 $10\,000$ 倍。也就是说，如果把所有的密钥全都写在纸上，每张纸上写 100 行，每 100 页装订成册，那么所有的册子差不多可以塞满整个美国国会图书馆。

可用密钥的数目非常庞大原本是件好事，但与此同时也带来了一个棘手的问题：恩尼格玛机的密钥设置如此复杂，任何一个细小的设置错误都会导致密钥错误，致使密文解密失败。德军怎么保证信息发送方与信息接收方恩尼格玛机的设置完全一致呢？在解决这个问题的同时，德军还需要解决密钥泄露问题。在战争过程中，德军不可避免地会有战斗失败的情况。如果战斗失败，一旦让盟军从德军俘虏手中拿到了恩尼格玛机的密钥，那么盟军破译截获的德军密文信息就会变得易如反掌。因此，恩尼格玛机密钥务必要实现周期性更新。

为此，德军在各个部队安插了通信兵。他们会在每月集合时领到下个月将要使用的恩尼格玛机新密钥。

恩尼格玛机克服了维吉尼亚密码最严重的缺陷，插接板的使用又将可用密钥的数目扩展到了一个天文数字。如此完美的一台加密机，像是德军手中一只恐怖的猛兽，让盟军的无数密码破译者束手无策。是谁最终战胜了这台机器呢？想必读者朋友也猜到了，这位勇士便是密码学之父，同时也是计算机之父图灵。

2.3.4 恩尼格玛机的破解方法

恩尼格玛机的设计与破解反映出了德军和盟军在密码层面的博弈。德军最初使用的初代恩尼格玛机并没有上一节介绍的那样复杂：一共只有三个转子：转子Ⅰ、转子Ⅱ、转子Ⅲ；德军只要求用插接线连接 6 对字母，而非连接 10 对字母。因此，恩尼格玛机最初的密钥可能性并没有那么多。按照上述相同的分析方法，可以得到密钥的可能性为：

$$3 \times 2 \times 1 \times 26 \times 26 \times 26 \times \frac{26\,!}{14\,! \times 6\,! \times 2^6} = 10\,586\,916\,764\,424\,000$$

初代恩尼格玛机的密钥可能性是德军所使用恩尼格玛机密钥可能性的 $\frac{1}{15\,015}$。当然了，虽然密钥可能性变少了，但并不意味着破解会变得多么容易。商用恩尼格玛机的密钥可能性对当时的密码破译者来说已然是一个天文数字。

然而，导致初代恩尼格玛机被破解的根本原因并不是恩尼格玛机本身的缺陷，而是德军对恩尼格玛机使用方法的缺陷。当使用恩尼格玛机加密一段军事信息时，德军规定信息发送方要按照下述规则完成加密：

（1）信息发送方密钥表中查找当日所使用的密钥。这个密钥称为日密钥（Daily Key）；

（2）信息发送方再随机想象三个转子的另一种设置方式，假定为 17（Q）、11（K）、04（D），新想象的设置方式称为会话密钥（Session Key）；

（3）信息发送方按照日密钥设置恩尼格玛机，随后依次在恩尼格玛机键盘上输入 Q、K、D、Q、K、D，得到在日密钥下，会话密钥的两次加密结果；

（4）信息发送方将转子设置为 17、11、04，再用新的设置方式加密军事信息。

与之对应，信息接收方接收到一段密文时，按照下述规则完成解密：

·信息接收方从密钥表中查找当日密钥；

·信息接收方按照日密钥设置恩尼格玛机，随后解密密文的前六个字母；

·信息接收方对比解密得到的六个字母中，前三个字母和后三个字母是否一致，如果不一致，则认为这段密文是错误的，报告给上级；

·如果一致，则解密结果就是会话密钥。信息接收方按照会话密钥设置转子，再用新的设置方式解密军事信息。

换句话说，德军首先用日密钥加密会话密钥，再用会话密钥加密信息。这样做的好处是：即使出于某种特殊的原因，盟军从密文中破解出会话密钥，或者会话密钥被泄露，只要日密钥是安全的，则当日其他的加密信息仍然是安全的。此外，连续两次输入会话密钥，可以让信息接收方在解密密文前验证会话密钥的正确性。

然而，正是由于密文的起始部分包含了两次相同的密钥，密码破译者就可以知道：密文的第一个字母、第四个字母的解密结果相同，对应第一个转子的设置方式；密文的第二个字母、第五个字母的解密结果相同，对应第二个转子的设置方式；密文的第三个字母、第六个字母的解密结果相同，对应第三个转子的设置方式。根据这个规律，波兰的三位密码学家 M. 雷耶夫斯基（M. Rejewski）、J. 罗佐基（J. Różycki）和 H. 佐加尔斯基（H. Zygalski）应用纯数学的方法，成功破解了初代恩尼格玛机的会话密钥。进一步，通过得知同一天的大量会话密钥，这三位波兰密码学家又成功恢复出日密钥，使得初代恩尼格玛机遭到完全破解。20 世纪 30 年代初期，三位密码学家在波兰军情局密码处全体职员的协助下，设计并制造了恩尼格玛机的复制品。1933 年 1 月至 1939 年 9 月，他们总计破译了将近十万条德军的军事信息，使波兰掌握了大量德军的机密军事情报。

三位波兰密码学家使用纯数学的方法完成了初代恩尼格玛机的破解。可想而知，破解的过程非常抽象，难以理解，本节就不展开介绍了。总之，初代恩尼格玛机的破解迫使德军不得不对恩尼格玛机进行改进，以提高它的安全强度。德军为此煞费苦心。1938 年 9 月 15 日，德军使用了新的方法来传递会话密钥。波兰密码学家不甘示弱，进一步设计出暴力破解恩尼格玛机密钥的机器，命名为"炸弹"（Bomba）。"炸弹"的破解原理要简单得多：炸弹会暴力排查恩尼格玛机所有的密钥可能，在两小时内找到正确密钥。

恩尼格玛机的密钥已经可以通过机器暴力破解之后，扩充密钥数量对德军来说便是火烧眉毛的问题了。1938 年 12 月 15 日，德军终于又引入了两个转子：

转子Ⅳ和转子Ⅴ。这样一来，转子的设置方式从之前的 $3 \times 2 \times 1 = 6$ 种，变为了 $5 \times 4 \times 3 = 60$ 种。这导致"炸弹"需要搜索的密钥量增加了 10 倍，破解时间也就随之增加了 10 倍。1939 年 1 月 1 日，德军进一步要求用插接线连接的字母对数从 6 对扩展为 10 对。至此，波兰密码学家再也无法找出更进一步的破解方法了。预感到德军将要入侵波兰，他们于 1939 年 7 月 24 日与法国和英国密码学家分享了现有的恩尼格玛机破解方法，寻求他国密码学家的援助。

1939 年 9 月 1 日，德军入侵波兰，所有波兰密码学家迅速逃往了法国。当法国也被德军攻陷后，密码学家又全部转移到了英国，并在牛津和剑桥之间的布莱切利庄园（Bletchley Park）进一步研究恩尼格玛机的破解方法。在这样一个战势岌岌可危的关键时刻，《模仿游戏》电影的主角——图灵走入了历史的舞台。图灵也于 1939 年来到了布莱切利庄园，开始参与恩尼格玛机的破解工作。他很快意识到，由于恩尼格玛机密钥的可能性过多，几乎不可能通过人工计算的方式破解。基于波兰密码学家设计的"炸弹"，图灵进一步改进了破解机器，并把机器的名字由 Bomba 改为了 Bombe，意为新一代"炸弹"。然而，即使对机器进行了改进，恩尼格玛机密钥的可能性对于当时的机器来说仍然过于庞大。在机器遍历全部可能的密钥之前，德军就已经根据密钥表对日密钥进行更新了。图灵迫切需要新的方法缩小密钥的搜索范围，从而更快地破解恩尼格玛机。功夫不负有心人，图灵最终发现了加速破解的方法，而这一探索过程便是《模仿游戏》中讲述的关键桥段。

下面就来深入分析一下图灵的破解方法。在破解之前，我们需要了解恩尼格玛机的两个特性。第一，恩尼格玛机的加密和解密过程是自反的。也就是说，按照相同的方法进行设置，输入明文字母，得到的就是密文字母；输入密文字母，得到的就是明文字母。这是一个非常便捷的特性，使用者不需要根据使用目的设置恩尼格玛机，只要密钥设置正确，恩尼格玛机就能同时支持加密与解密操作。

第二，虽然恩尼格玛机会用不同的字母代换表对明文进行加密，但是无论字母代换表如何变化，明文字母的代换结果一定不是明文字母本身。为什么会有这样的特性呢？回想图 2.13 的恩尼格玛机加密原理图，假设有一个明文字母的加密结果仍然是其本身，那么这个字母沿着红色的路径到达反射器后，应该同样沿着红色的路径返回。但是，反射器的目的正是让字母沿着红色的路径经过反射器后，可以沿着另一条蓝色的路径返回。如果仔细观察反射器对应的字母代换表，就会发现反射器的字母代换表中，明文字母一定与不相同的密文字母对应。

这样一个特性看似合理——如果明文字母加密后得到的仍然为原始的明文字母，那这个字母相当于没有被加密，安全性岂不是降低了？实则不然，图灵正是抓住了这一特性，才最终完全破解了恩尼格玛机。

破解流程如下：首先，盟军的情报机构获知，德军在每天早晨六点会用电报发送一份天气预报。既然是天气预报，电报中想必会包含"天气"这个词。

图灵接下来要猜测，六点截获的电报密文中到底是哪一段密文对应的明文是"天气"一词呢？假定截获电报密文的开头是 JXATQBGGYWCRYBGDT，而"天气"一词所对应的德语是 wetterbetricht。图灵先猜测 wetterbetricht 对应的密文是 JXATQBGGYWCRY。由于明文的第四个字母和密文的第四个字母相同，而明文字母的加密结果不可能是其本身，因此这个猜测是错误的。

序号	01	02	03	04	05	06	07	08	09	10	11	12				
明文	w	e	t	t	e	r	b	e	r	i	c	h	t			
密文	J	X	A	T	Q	B	G	G	Y	W	C	R	Y	B	G	D	T

图灵随后猜测，wetterbetricht 对应的密文是 XATQBGGYWCRYB。这也是错误的，因为明文的第三个字母和密文的第三个字母相同。

序号		01	02	03	04	05	06	07	08	09	10	11	12	13		
明文		w	e	t	t	e	r	b	e	r	i	c	h	t		
密文	J	X	A	T	Q	B	G	G	Y	W	C	R	Y	B	G	D	T

继续猜测，wetterbetricht 对应的密文是 ATQBGGYWCRYBG。似乎这个猜测没有什么问题。图灵把这个猜测结果记录下来。

序号		01	02	03	04	05	06	07	08	09	10	11	12	13	
明文		w	e	t	t	e	r	b	e	r	i	c	h	t	
密文	J	X	A	T	Q	B	G	G	Y	W	C	R	Y	B	G	D	T

图灵接下来猜测，wetterbetricht 对应的密文是 TQBGGYWCRYBGD。这个猜测是错误的，因为明文的第九个字母和密文的第九个字母相同。

序号			01	02	03	04	05	06	07	08	09	10	11	12	13	
明文			W	E	T	T	E	R	B	E	R	I	C	H	T	
密文	J	X	A	T	Q	B	G	G	Y	W	C	R	Y	B	G	D	T

图灵最后猜测，wetterbetricht 对应的密文是 QBGGYWCRYBGDT。由于明文的第 13 个字母和密文的第 13 个字母相同，因此这个猜测也是错误的。

序号			01	02	03	04	05	06	07	08	09	10	11	12	13
明文			W	E	T	T	E	R	B	E	R	I	C	H	T
密文	J	X	A	T	Q	B	G	G	Y	W	C	R	Y	B	G	D	T

如此看来，很可能 wetterbetricht 对应的密文是 ATQBGGYWCRYBG。密码破解过程中，这类信息在密码分析学中被称为明密文对（Crib）。在实际破解中，不一定非要使用 wetterbetricht 一词作为可能的明密文对，还可以使用其他词语。例如，德军电报的结尾一般都是"希特勒万岁"（Heil Hitler），因此用 heilhitler 进行猜测，也很容易得到相应的明密文对。

要如何使用这组明密文对呢？接下来，图灵仍然会暴力搜索所有可能的转子选择和所有可能的转子设置状态。不过，利用明密文对将大幅减少密钥的搜索范围。这为恩尼格玛机密文的破解提供了新的思路。

下面用一个例子来演示插接线连接的推测方法。首先，猜测转子的设置顺序和转子的初始状态。根据获得的明密文对，之前已经得到了如表 2.16 所示的对应关系。

表 2.16 明文字母与密文字母的对应关系

序号		01	02	03	04	05	06	07	08	09	10	11	12	13
明文		w	e	t	t	e	r	b	e	r	i	c	h	t
密文	J	X	A	T	Q	B	G	G	Y	W	C	R	Y	B	G

从第 2 个明密文字母对开始进行破解。首先要再进行一次猜测：插接线将字母 A 与字母 T 连接起来，如图 2.14 所示。

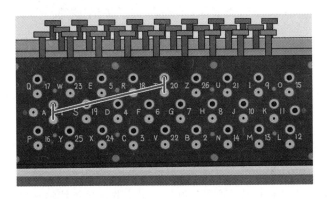

图 2.14 猜测插接线将字母 A 与字母 T 连接

这意味着，当输入字母 t 时，字母 t 首先会因插接线而被代换为字母 A，随后再经过转子和反射器进一步进行代换。由于已经固定了转子的设置顺序和转子的初始位置，可以通过观察转子和反射器，根据对应的字母代换表，知道字母 A 经过转子和反射器后，被代换为什么字母。经过观察，可以知道字母 A 经过转子和反射器后，被代换为字母 P。

然而，根据明密文对，可以知道最终的解密结果应该为 E，而不是 P。造成这种情况的原因只有一个，就是插接线将字母 P 和字母 E 连接了起来。因此，我们用插接线连接字母 P 和字母 E，如图 2.15 所示。

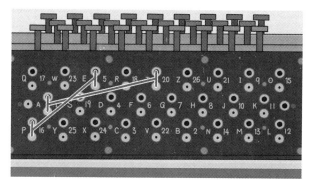

图 2.15　推测出插接线将字母 P 与字母 E 连接

再观察第三个明密文对，由于恩尼格玛机的加密和解密过程是自反的，即 Q 的解密结果为 t，等价于 T 的解密结果为 q，因此可以按照相同的方法再次进行推测，得到另一个插接线连接形式。同样地，观察第四个明密文字母对，T 的解密结果为 b，因此又可以推断出一个插接线的连接形式。

通过这种方式，可以持续不断地进行推测，直到出现了如下三种情况。

（1）推测过程中出现了矛盾。例如，最初假定插接线将字母 T 与字母 A 连接了起来。然而，通过推测后，发现字母 T 应该与字母 G 连接，但是字母 T 不可能同时与字母 A 和字母 G 连接，如图 2.16 所示。这意味着最初的猜测是错误的。

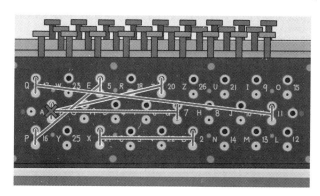

图 2.16　字母 T 不可能同时与字母 A 和字母 G 连接

（2）字母连接数量超过 10 对。经过不断地推测，仅连接 10 对字母仍然不能满足明密文对的要求。这意味着最初的猜测是错误的。

（3）字母连接数量恰好 10 对。此时，推测出的恩尼格玛机设置方式与实际中的恩尼格玛机设置方式吻合。这意味着最初的猜测可能是正确的。

如果猜测是错误的，就需要重新猜测插接线的连接形式，或者重新猜测转子的设置顺序，或者重新猜测转子的设置方式。虽然仍然需要进行猜测，但猜测范围已经大大降低。在理想状态下，只需要搜索转子设置顺序的全部可能、转子设置方式的全部可能以及一个字母的插接线连接可能，就可以破解恩尼格玛机了。

注意到一个字母的插接线总共有 26 种连接可能，即与其他 25 个字母中的一个进行连接，或不连接其他字母，因此总猜测次数为 $5 \times 4 \times 3 \times 26 \times 26 \times 26 \times 26 = 27\,480\,560$ 次，远小于恩尼格玛机密钥的全部可能：$158\,962\,555\,217\,826\,360\,000$。

当然了，$27\,480\,560$ 次对于人工破解来说仍然较为复杂，图灵和其他密码学家应用了一些破解技巧进一步降低了猜测次数，并用机器"炸弹"来自动进行猜测。"炸弹"的破解速度非常快，一般情况下，"炸弹"可以在短短一小时内破解密文。仅在 1942 年这一年，图灵和其他密码学家便已使用"炸弹"破解了多达五万条德军的机密电报。

遗憾的是，在第二次世界大战结束后，所有"炸弹"机器都被摧毁或被拆除，没有一台机器能够幸存下来。密码爱好者 J. 哈珀（J. Arper）于 20 世纪 90 年代中期发起了"炸弹"重建项目，目的是重新构建一个功能完备的"炸弹"机器复制品。该复制品于 2007 年完成，现在陈列布莱切利庄园博物馆中，图 2.17 便为此复制品。

图 2.17　图灵所改造"炸弹"的复制品

本章回顾了第一次世界大战中的密码以及第二次世界大战中德军所使用的恩尼格玛机。利用多表代换原理构造的密码仍然不够安全，而这种不安全性将使得军方在战争中处于极为不利的地位。从密码学角度看，截至第二次世界大战结束，密码破译者总是比密码设计者略胜一筹。

然而，新理论的出现让密码设计者打了一个漂亮的翻身仗。随着图灵"炸弹"机器原理的进一步扩展，人类终于开启了计算机时代，也掌握了与计算机运行原理相关的理论。不仅是密码破译者，密码设计者也已经拥有了计算机这样一个有力的武器。与此同时，通信领域奠基人 C. 香农（C. Shannon）于 1948 年发表了划时代的论文《通信中的数学理论》（*A Mathematical Theory of Communication*）。这篇论文从数学层面系统论述了信息的定义、怎样对信息进行量化以及怎样更好地对信息进行编码。结合香农的理论和计算机的相关理论，密码设计者终于找到了设计安全加密方法的途径。至此，密码学从古典密码时期走入了现代密码时期。

在介绍现代密码的设计原理之前，需要首先了解一些必要的数学知识和计算机科学知识。下一章将简要介绍这些必要的理论知识。在大致了解这些原理性知识后，就可以走入现代密码学的世界，了解如何科学地设计安全的密码了。

有关 ADFGX 密码和 ADFGVX 密码的具体破解方法，可以阅读 C. 鲍尔（C. Bauer）所著图书《密码历史：密码学故事》（*Secret History: The Story of Cryptology*）的第六章"第一次世界大战和赫伯特·亚德利"。此章也详细介绍了美国密码学之父亚德利的传奇人生。

有关维吉尼亚密码的具体破解方法，可以阅读 S. 西蒙（S. Simon）所著图书《密码故事》（*The Code Book*）的第二章"不可破译的密码"。同样可参考朱小蓬、林金钟翻译的中译版本《密码故事：人类智力的另类较量》。

可以访问美国密码学博物馆的恩尼格玛机页面了解更多有关恩尼格玛机的历史。可以通过在线恩尼格玛机模拟器来尝试使用恩尼格玛机。推荐 L. 德特（L. Dade）的恩尼格玛机模拟器。这个模拟器虽然存在一定的缺陷，如没有考虑定子、右转子的字母代换方向等问题，但仍然可以通过此模拟器直观地了解恩尼格玛机的使用方法。有关恩尼格玛机更详尽的工作原理解释，可以参考 K. 伯克利（K. Buckley）的博客文章《恩尼格玛机原理》（*Enigma Machine Kata*）。《密码历史：密码学故事》的第八章"第二次世界大战：德军的恩尼格玛"详细讲解了波兰密码学家是如何利用德军会话密钥使用不当这一漏洞破解初代恩尼格玛机的。关于图灵破解恩尼格玛机的详细方法，可以参考知友 @ 十一点半在知乎问题"《模仿游戏》中 A. 图灵是如何破解恩尼格玛的？"上发表的答案。

03

+ + + + +

"曾爱搭不理，现高攀不起"

数论基础:
密码背后的数学原理

历史的车轮滚滚向前。早在 1936 年，图灵便已经在其撰写的论文《论可计算数及其在判定性问题中的应用》（*On Computable Numbers, with an Application to the Entscheidungs problem*）中介绍了"计算机"的概念。这一概念对应的计算机原型被称为图灵机（Turing Machine）。人们在日常所使用的计算机都属于图灵机。

可想而知，如此超前的想法在当时那个年代一定很难被世人接受。图灵的论文遭到当时科学家的鄙视。该论文的审稿专家毫不客气地指出：

这篇论文非常古怪。其开篇就定义了一个我从来没听说过的所谓"计算设备"的东西，并论述这种计算设备不能对一类特殊的数字完成计算。我基本没看懂这篇论文的形式化论述方式，而且这些杂七杂八的论述看似毫无意义。据我所理解的内容看，这篇论文想说明的是，这种计算设备不能计算两类数字：（1）太大的数字，以至于数字不能用机器来表示；（2）数字虽小，但部分计算过程无法完成。这难道不是很显然的吗？数字太大，当然无法计算；如果计算过程本身无法完成，那么机器当然也计算不了！

论文称，此类机器可以对特定的数字完成计算，条件是此计算过程可以用函数表示，而函数可以用四种操作的组合来实现。图灵所描述的机器并不是对已有的机器改进。这种奇怪机器的构造方法过于简单，我强烈怀疑这种机器是否真的能用。

如果这篇论文能被收录，图灵需要意识到，这本杂志要求用英文撰写，所以图灵应该把文章标题中出现的德语单词更换为英语单词。

值得庆幸的是，多年以后图灵的计算机设计理念最终为世人所认可。1944

年6月6日，英国电报工程师下 T. 弗劳斯（T. Flowers）遵循图灵的计算机理念设计出的巨像（Colossus）计算机问世（如图 3.1 所示），它被认为是人类历史上第一台可编程电子计算机。

图 3.1 "巨像"计算机

在巨像计算机诞生两年后，美国陆军的弹道研究实验室（U.S. Army's Ballistics Research Laboratory）于 1946 年 2 月 14 日制造出电子数值积分计算机（Electroinc Numerical Integrator And Computer，ENIAC），用于计算火炮的火力表。ENIAC 是人类历史上第一台真正完整实现图灵计算理念的电子计算机。

电子计算机的出现彻底改变了密码学的发展历史。密码设计者意识到，电子计算机的出现会大大提高密码的破解速度，破解过程变得异常简单粗暴：把密文和解密算法输入到计算机中，让计算机搜索密钥的所有可能，直至得到有意义的明文。由于计算机的计算速度非常快，只要密钥的全部可能结果数量不太庞大，人们就可以很快将其破解。这样一来，当时所有密码的安全性都受到了巨大的威胁。密码设计者迫切需要设计一个利用计算机也无法破解的密码。功夫不负有心人，他们应用了科学的方法设计出了更加安全的新型密码，即使计算能力强大的计算机也很难破解。为了能更好地理解密码学家所提出的这些新型密码，我们需要搞懂计算机背后所蕴含的数学原理——数论（Number Theory）。

数论是一个纯粹的数学分支，主要用于研究整数的性质。数论在诞生后的很长一段时间里仅可用于数学理论的证明，难以在实际中找到特定的应用场景。因此，广大工程师一直以来都对数论爱搭不理。然而，现代密码学的发展，特别是公钥密码学的发展，使数论终于在应用领域找到归宿。如今，数论的相关研究成果被广泛应用于密码学中，成为计算机网络安全通信、安全存储、身份认证等安全机制的核心理论基础。

数论看起来一点也不接地气，但它其实隐藏在人们日常生活中的各个角落。例如，用于唯一标识每一位中国公民的身份证号码就和数论有着极为紧密的联系。细心的读者朋友可能留意到了这样几个细节：（1）有的人身份证号码末位是 X，而不是数字。（2）如果填写身份证号码时填错了一位，系统会自动提醒身份证填写有误。系统是如何进行判断的呢？

本章将从数论中最基本的质数入手，讲解与现代密码学相关的数学原理，并介绍这些数学原理背后的故事。随后，本章将以身份证号码为例，介绍这些数学原理在实际中的应用。在了解这些基本的数学原理后，读者朋友就可以走入现代密码学的世界，了解如何科学地设计密码学方案了。

3.1 质数的定义：整数之间的整除关系

数论主要研究的是整数的性质。整数有很多不同的分类方式：可以根据是否大于 0，将整数分为负数、正数和 0；也可以根据末位是 1、3、5、7、9 还是 2、4、6、8、0，将整数分为奇数和偶数。而最令数学家感兴趣的分类方式，是将整数分为质数（Prime Number）与合数（Composite Number）。相信在小学接触除法运算时，读者朋友便学习了质数与合数的概念。然而，质数这类看似简单的数字却包含着一种神秘的力量，让无数数学家为之着迷。本节将沿着历史的踪迹，细述与质数有关的知识与故事。

3.1.1 最简单的运算：加、减、乘、除

首先让我们一口气回溯到上古时代，看一看数字的发展历史。人类为什么会引入数字呢？引入数字最初的目的是为了计数与运算。最早出现的数字是自然数[①]（Natural Number）。顾名思义，自然数的存在非常自然，人类天生就需要用自然数来计个数。即使是尚未接受初等教育的儿童，也能很自然地理解 1 个苹果、2 个香蕉这类个数的概念。去掉苹果和香蕉，剩下的 1 和 2 便是最早出现的数字——自然数。

有了自然数，人类就可以愉快地进行加法（Addition）运算了。1 个苹果加上 1 个苹果等于 2 个苹果，对应的运算是 $1 + 1 = 2$；3 个香蕉加上 5 个香蕉等于 8 个香蕉，对应的运算是 $3 + 5 = 8$。加法的概念简单而又直观。

有了加法运算，自然也就有了减法（Substraction）运算。大的数字减去小的数字不会遇到什么问题，例如，有 3 个苹果，吃掉 1 个苹果，还剩下 2 个苹果，对应的运算是 $3 - 1 = 2$。但是，小的数字与大的数字相减就会遇到比较麻烦的问题。昨天有 3 个苹果，今天仍然有 3 个苹果，苹果数量没有变化。没有变化用什么数字表示呢？为此，人类引入了 0 的概念。昨天有 3 个苹果，今天有 2 个苹果，苹果数量少了 1 个。少了 1 个用什么数字表示呢？为此，人类引入了负数（Negative Number）的概念。人类规定，小于 0 的数是负数，大于 0 的数则为正数（Positive Number）。这样，就可以把上述问题对应的运算表示为 $2 - 3 = -1$。有了自然数、0、负数、加法和减法，人类已经基本解决了计数问题。

也可以换一种方式理解正数和负数：负数是与某个正数相加后结果为 0 的数字。如果给定的正数是 a，就把与 a 相加等于 0 的数表示成 $-a$。这样一来，$2 - 3$

[①] 现已将 0 归为自然数。

可以理解为"2 加上 3 的负数"，用运算表示为：$2 + (-3)$。只要定义了负数，就可以把减法也用加法来表示。

随着历史的不断推进，仅有的加法和减法已经难以满足人类对于计数的需求了。古代战争时，士兵常常需要站成方阵的形式，如 5 行 7 列、6 行 6 列。军官该如何快速知道方阵中有多少士兵呢？为了解决这个问题，人类引入了乘法（Multiplication）的概念。有了乘法运算，军官很快就可以知道 5 行 7 列一共有 35 名士兵，对应的运算是 $5 \times 7 = 35$。

多数情况下，人类需要处理多个相同整数连乘的情况。例如，用正方形堆方块，横向放 5 个方块、纵向放 5 个方块、高度也为 5 个方块，一共要放多少个方块呢？很容易运用乘法运算得到一共需要 $5 \times 5 \times 5 = 125$ 个方块。人类进一步引入了一种更简单的方法表示相同整数连续相乘，这就是幂（Power）。如果给定的整数是 a，连续相乘的次数是 b，就把 a 写在下方，b 写在 a 的右上角，即 a^b。人们把写在下方的 a 称为底数（Radix），把写在右上角的 b 称为指数（Exponent）。用幂的形式可以把 $5 \times 5 \times 5 = 125$ 表示成 $5^3 = 125$，如图 3.2 所示。

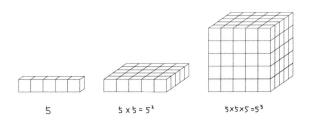

5 $5 \times 5 = 5^2$ $5 \times 5 \times 5 = 5^3$

图 3.2　乘法幂的概念

有了乘法，对应就出现了除法（Division）。同样是士兵列队，一共有 35 名士兵，站成 7 列，军官如何很快地知道士兵应该站成多少行呢？运用除法，军官可以快速得到应该站成 5 行，对应的运算是 $35 \div 7 = 5$。

然而，除法的概念并没有想象的那么简单。一旦定义除法，就不得不面对一个难题：除不尽怎么办。人类定义，两个整数进行除法运算，得到的结果为商

（Quotient）。除法运算如果除得尽，商也是整数。例如，$35 \div 7 = 5$，结果就是整数；再如，$12 \div 3 = 4$，结果也是整数。除法运算如果除不尽，结果就不是整数了。例如，$11 \div 4$，结果不能用整数表示。为了解决这个问题，人类想出了两个办法。第一个办法是引入余数（Remainder）的概念：如果除法运算除不尽，就把除不尽的部分记录下来，作为余数。例如，$11 \div 4$ 的商为 2，余数为 3，对应的运算是 $11 = 4 \times 2 + 3$，这样就巧妙地解决了除不尽的问题。第二个办法是引入小数（Decimal）和分数（Fraction）的概念，即再使用一种新的数字来表示结果。例如，$11 \div 4 = \dfrac{11}{4}$，用分数表示结果；或 $11 \div 4 = 2.75$，用小数表示结果。如果用小数表示除不尽的结果，还会出现两种情况：得到的结果是有限小数，例如 $11 \div 4 = 2.75$；得到的结果是无限循环小数，比如 $2 \div 3 = 0.6666\cdots$。

很明显，用分数表示除不尽的情况会更省事一些，不需要面对小数点后无限循环的情况。分数的巧妙之处还不止于此。把分数上下分开看，上面的部分称为分子（Numerator），下面的部分称为分母（Denominator）。与理解减法和负数这对概念的方法类似，可以把分数看成分子和分母的倒数（Reciprocal）相乘的形式。例如，$11 \div 4 = \dfrac{11}{4} = 11 \times \dfrac{1}{4}$，其中 $\dfrac{1}{4}$ 就是 4 的倒数。

可以把倒数理解为：与某个整数相乘结果等于 1 的数。如果给定的整数是 a，就把 a 的倒数表示成 a^{-1}。例如，由于 $4 \times \dfrac{1}{4} = 1$，根据倒数的定义，可以把 $\dfrac{1}{4}$ 表示为 4^{-1}。这样一来，可以把 $\dfrac{11}{4}$ 表示为 $11 \times \dfrac{1}{4} = 11 \times 4^{-1}$。只要定义了倒数，就可以把除法也用乘法来表示。

之所以把 a 的倒数写为 a^{-1} 的形式，是因为这种表示方法可以与乘法幂表示完美结合起来。例如，对于运算 $5 \times 5 \times 5 \times 5 \div 5 \div 5$，运用乘法幂和倒数可以将此运算表示为 $5 \times 5 \times 5 \times 5 \div 5 \div 5 = 5^4 \times 5^{-1} \times 5^{-1}$。如果读者朋友熟悉幂运算的运算规则，就会知道：乘法幂的底数相同，则指数可以直接进行加减法运算。因此，上述运算可以进一步化简为 $5^4 \times 5^{-1} \times 5^{-1} = 5^{4-1-1} = 5^2 = 25$。这个结果与直接计算 $5 \times 5 \times 5 \times 5 \div 5 \div 5 = 25$ 的结果是完全一致的。

3.1.2 加、减、乘、除引发的两次数学危机

早在约公元前 500 年左右，人类就已经定义了自然数、0、负数、小数、分数等基本概念，加法、减法、乘法、除法、幂等基本运算。运用这些基本概念和基本运算，人类似乎已经可以完成所有的运算。然而，事物总不像看起来那样简单。围绕加、减、乘、除的运算引发了数学史上的两次数学危机。

"第一次数学危机"源于古希腊著名数学家和哲学家毕达哥拉斯及其相关学派：毕达哥拉斯学派。在定义了整数、分数以及加、减、乘、除运算后，毕达哥拉斯认为数学已经变得非常完美。他宣称"凡物皆数"，意思是万物的本源都是数字，数字的规律统治万物。毕达哥拉斯学派相信，一切的数字都可以表示为整数或分数。然而，毕达哥拉斯学派的门生希帕索斯（Hippasus）发现，边长为 1 的正方形对角线的长度并不能用整数或分数表示，而是一个"怪数"：$\sqrt{2}$。

我们来简单证明一下"怪数"$\sqrt{2}$不能用分数表示。假定$\sqrt{2}$可以用分数$\frac{p}{q}$表示，即$\sqrt{2}=\frac{p}{q}$，其中$\frac{p}{q}$是一个不能再约分的分数。等式两边求平方，则有$2=\frac{p^2}{q^2}$。简单整理一下，有$p^2=2q^2$。由等式可知，p^2等于 2 乘以某个整数，所以p^2肯定是个偶数。因为奇数的平方只能是奇数，不可能是偶数。所以只有偶数的平方才可能是偶数，故p肯定是个偶数。因此，可以假设$p=2k$，其中k也是一个整数。因此，$2q^2=p^2=(2k)^2=4k^2$，所以有$q^2=2k^2$。但这样一来，q也应该是一个偶数。但是，如果p和q都是偶数的话，$\sqrt{2}=\frac{p}{q}$的分子上下就可以一起除以 2 进行约分了，这就产生了矛盾。因此，可以判断前提假设"$\sqrt{2}$可以用分数$\frac{p}{q}$表示"是错误的，所以$\sqrt{2}$不能用分数$\frac{p}{q}$表示。

"怪数"的发现彻底撼动了毕达哥拉斯学派的数学信念。毕达哥拉斯学派为了保卫自己在数学领域的名声与地位，决定对这个新发现的"怪数"保密。可俗话说得好，"没有不透风的墙"，希帕索斯最终无意间泄露了这个发现。他也因此被毕达哥拉斯学派的人扔进大海淹死了。这便是数学史上著名的"第一次数学

危机"。

"第一次数学危机"最终导致了无理数（Irrational Number）的发现。事实上，并不是所有的数字都可以表示为整数或分数。可以用整数或分数表示的数字称为有理数（Rational Number），而有理数是不完备的。简单来说，如果用一条直线来表示所有的数字，一般称这样的直线为数轴（Number Axis），则只用有理数并不能完全填满数轴，有理数之间还存在很多"间隙"，如图3.3所示。面对事实，数学家终于将无理数引入数字的大家庭，填满了整条数轴。

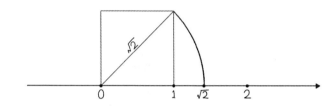

图 3.3 有理数和无理数一起才能填满整条数轴

"第二次数学危机"源自古希腊数学家芝诺（Zeno）提出的一系列关于运动不可分性的哲学悖论。芝诺的老师——古希腊哲学家巴门尼德（Parmenides）提出了著名的哲学观点：存在是静止的、不变的、永恒的，变化与运动只是幻觉。根据老师的哲学观点，芝诺指出了两个著名的悖论："阿喀琉斯追乌龟悖论"与"飞矢不动悖论"。

阿喀琉斯（Achilles）是古希腊诗人荷马的叙事史诗《伊利亚特》（*Iliad*）中参加特洛伊战争的半神英雄，希腊第一勇士。据说，阿喀琉斯一出生就被母亲浸在了冥河水中，除了没有沾到冥河水的脚踵外，全身刀枪不入。古希腊神话中，阿喀琉斯也被认为是全世界跑得最快的人。

芝诺以阿喀琉斯为例，提出了这样一个看似荒谬的悖论：让全世界跑得最快的阿喀琉斯和行动缓慢的动物乌龟进行赛跑。不过二者并不从同一个位置起跑，乌龟的起点要领先阿喀琉斯1000米。阿喀琉斯的获胜条件是在有限的时间内追上乌龟。

常理来看，只要阿喀琉斯的奔跑速度大于乌龟的爬行速度，他一定能在有限时间内追上并超过乌龟。然而在芝诺的解读中，阿喀琉斯却永远追不上乌龟。假定阿喀琉斯的奔跑速度是乌龟的 10 倍。比赛开始后，当阿喀琉斯奔跑了 1000 米时，乌龟向前爬行了 100 米，此时乌龟领先阿喀琉斯 100 米；当阿喀琉斯又跑了 100 米时，乌龟继续向前爬行了 10 米，此时乌龟领先阿喀琉斯 10 米；当阿喀琉斯又跑了 10 米时，乌龟仍然会领先阿喀琉斯 1 米。依据这一分析方式，阿喀琉斯的确能逐渐追上乌龟，但是他绝对不可能超过乌龟，如图 3.4 所示。

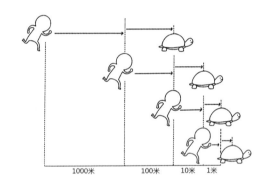

1000米   100米   10米   1米

图 3.4　阿喀琉斯追乌龟悖论

"飞矢不动悖论"与"阿喀琉斯追乌龟悖论"的原理相似。芝诺认为，一支箭是不可能移动的。因为箭在飞行过程中的任何瞬间都有其固定的位置，所以一支运动的箭可以看成一系列静止箭的组合。那么，运动的箭到底是运动的，还是不运动的呢？中国古代著名辩论家庄子在《庄子·天下篇》也提出过类似的说法——飞鸟之景，未尝动也。

这一悖论的核心在于如何准确定义物体移动的速度。物理学中将物体移动的

速度 v 定义为物体移动的距离 s 除以物体移动的时间 t，即：$v = \dfrac{s}{t}$ ①。如果一支运动的箭在每一个瞬间都是静止不动的，那么这支箭在每一个瞬间的速度都应该是 0。但是，运动结束后这支箭确实移动了一段距离，其间速度不应该是 0。这就产生了矛盾。

最终解决了这一矛盾的是英国数学家牛顿和德国数学家莱布尼兹所提出的微积分（Calculus）。利用微积分中的微分（Differential），可以从数学角度计算物体移动的瞬时速度。牛顿和莱布尼兹认为，物体移动的速度应该由"一瞬间"物体移动的距离除以"一瞬间"物体移动的时间来定义。该怎样理解这抽象的"一瞬间"呢？假设给定一小段时间 Δt，这段时间内物体移动的距离为 Δs，则物体移动的速度"大致"为 $v = \dfrac{\Delta s}{\Delta t}$。令给定的一小段时间 Δt 无限趋近于 0，则物体移动的速度将逐渐"接近"于那一瞬间物体真实的移动速度，用公式表示为 $v = \lim\limits_{\Delta t \to 0} \dfrac{\Delta s}{\Delta t}$。这个公式略显烦琐，数学家引入特殊的符号对其进行了简化，把上述公式表示为：$v = \dfrac{ds}{dt}$。

这种定义方式严谨且合理，问题是怎样理解"无限趋近于 0"的数字？"无限趋近于 0"的数字与 0 之间的差距非常小，但又不严格等于 0。如果不能准确理解"无限趋近于 0"，就无法从数学角度理解微积分。这一抽象的"无限趋近"引发了"第二次数学危机"。

"第二次数学危机"最终由法国数学家A.柯西（A. Cauchy）解决。他重新建立了微积分的数学基础：数学分析（Mathematical Analysis）。数学分析基于一套严格的数学语言——ϵ—语言，准确说明了什么是极限，从而严格定义了什么是"无限趋近于 0"。ϵ—语言的理解涉及大学数学知识，感兴趣的读者朋友可以阅读相关教材，深入理解柯西所建立的这套严格的数学体系。

数学史上还存在过"第三次数学危机"。第三次数学危机与整数、加、减、乘、

---

① 更严谨地说，物体移动速度应该为矢量，用 $\vec{v}$ 表示，其等于物体移动的位移矢量 $\vec{d}$ 除以物体运动的时间 t。

除的定义无关。这个危机源于德国数学家 G. 康托尔（G. Cantor）所创立的集合论（Set Theory）。集合论虽在问世之初曾短暂地遭到抨击，但不久后便得到了数学家的广泛认可。他们认为，基于自然数和康托尔的集合论可以建立起完整的数学大厦。在 1900 年的第二届国际数学家大会上，法国数学家 J. 庞加莱（J. Poincaré）兴高采烈地宣称：

（随着集合论的出现）现在我们可以说，完全的严格性已经达到了！

集合论成为现代数学的基石。

然而，随着数学研究的不断深入，数学家发现集合论中存在漏洞。有关这个漏洞最著名的描述就是英国哲学家罗素所提出的"罗素悖论"，也称"理发师悖论"，如图 3.5 所示。其内容是：小镇上居住着一位手艺精湛的理发师，他宣称只给"小镇上不给自己刮脸的人"刮脸。那么，这位理发师应不应该给自己刮脸呢？如果他不给自己刮脸，那么他就属于"小镇上不给自己刮脸的人"，因此他就应该给自己刮脸；反之，如果这位理发师给自己刮脸，由于他只给"小镇上不给自己刮脸的人"刮脸，因此他就不应该给自己刮脸。这样一来，理发师既应该给自己刮脸，又不应该给自己刮脸，形成了矛盾。

图 3.5 理发师悖论

"罗素悖论"仅涉及集合论中最基础的问题——集合的定义和从属关系的判断。作为数学大厦基石的集合论，不应该存在这样无法解决的矛盾。因此，"罗素悖论"导致了"第三次数学危机"。最终，数学家通过"集合构造公理化"解决了"第三次数学危机"。集合构造公理化的内容已经超出了本书的介绍范围，这里就不做过多介绍了。

3.1.3 质数的定义

在除法中引入"余数"和引入"分数"开拓了不同的数学路线。我们一般都会跟从数学课本走上"分数"这条路：小学引入小数、初中引入无理数、高中引入实数、大学引入实数完备性定理。相信一提到"高等数学"四个字，很多读者朋友都能回想起大学时代被高等数学蹂躏的恐惧。本节我们就来走走"余数"这条路，看看会发生什么。

回到整数的除法问题上。如果整数 b 除以整数 a（非 0）后还能得到一个整数 c，就称 a 整除（Exact Division）b，并且称 a 是 b 的一个因子（Factor），b 是 a 的倍数（Multiple）。例如，$12 \div 3 = 4$，4 是一个整数，因此称 3 整除 12，3 是 12 的因子，12 是 3 的倍数。

有了整除和因子的概念后，就可以引入质数（Prime）的概念了。大于 1 的每一个正整数 a 都至少能被两个正整数整除，一个数是 1，因为 $a \div 1 = a$，而 a 本身就是一个正整数；另一个数是 a 本身，因为 $a \div a = 1$，而 1 是一个正整数。如果一个大于 1 的正整数 a 只能被 1 和它自己整除，即 a 只有 1 和 a 这两个正因子，则称这个整数为质数；如果 a 除了 1 和 a 外还有其他的正因子，则称这个整数为合数。例如，7 是大于 1 的正整数，7 只有 1 和 7 两个正因子，因此 7 是质数。9 是大于 1 的正整数，9 有三个正因子——1、3、9，因此 9 是合数。

3.1.4 哥德巴赫猜想

质数与合数的定义简单而又直观。可不要小看了它们，因为下面我们要基于质数与合数的定义来介绍一下数学史上最著名的、大家耳熟能详的猜想——哥德巴赫猜想。

1742 年 6 月 7 日，普鲁士数学家哥德巴赫给瑞士数学家欧拉写了一封信，在信中提出了以下猜想：任意一个大于 5 的整数都可以写成三个质数的和。哥德巴赫信件手稿的影印本记录了这一信件，如图 3.6 所示。

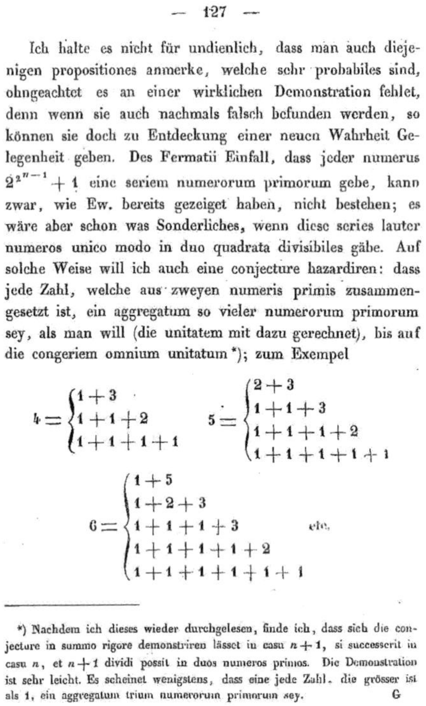

— 127 —

Ich halte es nicht für undienlich, dass man auch diejenigen propositiones anmerke, welche sehr probabiles sind, ohngeachtet es an einer wirklichen Demonstration fehlet, denn wenn sie auch nachmals falsch befunden werden, so können sie doch zu Entdeckung einer neuen Wahrheit Gelegenheit geben. Des Fermatii Einfall, dass jeder numerus $2^{2^{n-1}}+1$ eine seriem numerorum primorum gebe, kann zwar, wie Ew. bereits gezeiget haben, nicht bestehen; es wäre aber schon was Sonderliches, wenn diese series lauter numeros unico modo in duo quadrata divisibiles gäbe. Auf solche Weise will ich auch eine conjecture hazardiren: dass jede Zahl, welche aus zweyen numeris primis zusammengesetzt ist, ein aggregatum so vieler numerorum primorum sey, als man will (die unitatem mit dazu gerechnet), bis auf die congeriem omnium unitatum *); zum Exempel

$$4=\begin{cases}1+3\\1+1+2\\1+1+1+1\end{cases}\qquad 5=\begin{cases}2+3\\1+1+3\\1+1+1+2\\1+1+1+1+1\end{cases}$$

$$6=\begin{cases}1+5\\1+2+3\\1+1+1+3\\1+1+1+1+2\\1+1+1+1+1+1\end{cases}\qquad \text{etc.}$$

*) Nachdem ich dieses wieder durchgelesen, finde ich, dass sich die conjecture in summo rigore demonstriren lässet in casu $n+1$, si successerit in casu n, et $n+1$ dividi possit in duos numeros primos. Die Demonstration ist sehr leicht. Es scheinet wenigstens, dass eine jede Zahl, die grösser ist als 1, ein aggregatum trium numerorum primorum sey. G

图 3.6 哥德巴赫信件手稿影印本第 127 页描述了哥德巴赫猜想

三周后，欧拉在 6 月 30 日回信给哥德巴赫，注明此猜想有另一个等价的论述：任意一个大于 2 的偶数都可以写成两个质数的和。同时，欧拉还指出：

然而，任意数字都可以由两个质数组成，我非常确信这是一个定理，尽管我无法证明[①]。

① 回信原文为古德语：Dass aber ein jeder numerous par eine summa duorum primorum sey, halte ich für ein ganz gewisses theorem, ungeachtet ich dasselbe nicht demonstriren kann. 在此感谢德国的朋友金歌的翻译。

　　如今人们常说的哥德巴赫猜想是欧拉所提出的等价论述形式，也称为强哥德巴赫猜想，还有对应的弱哥德巴赫猜想：任意一个大于 5 的奇数都可以写成三个质数的和。数学家已经证明，如果强哥德巴赫猜想成立，则弱哥德巴赫猜想也成立。

　　哥德巴赫猜想的论述是如此之简单，以至于只要了解整数、质数、合数以及加法的概念，就可以理解哥德巴赫猜想的全部内容了。然而，哥德巴赫猜想的证明却是如此困难。至今为止，强哥德巴赫猜想依然没有得到完全证明，也没有人能够提出任何反例将其驳倒。弱哥德巴赫猜想的证明已经取得了突破性进展，2013 年，数学家完成了弱哥德巴赫猜想的证明。

　　1742 年哥德巴赫与欧拉正式提出哥德巴赫猜想，其后将近 180 年这一猜想的证明没有取得任何实质性进展。1900 年，德国数学家 D. 希尔伯特（D. Hilbert）在第二届国际数学家大会上发表了题为《数学问题》（*Mathematical Problems*）的演讲，并提出了 23 个当时最为重要的数学问题。其中，第八个问题就涉及哥德巴赫猜想和与它相似的孪生质数猜想（Two Primes Conjecture）。截至目前，23 个问题中的 19 个问题都得到了解决或者部分解决。可惜，有关哥德巴赫猜想的问题并不在已解决的 19 个问题当中。关于孪生质数猜想，稍后会进行详细介绍。

　　19 世纪至 20 世纪初，欧洲数学家在数学研究方面取得了辉煌的成就，同时也为哥德巴赫猜想证明的突破提供了坚实的数学基础。数学研究一般都是由易到难，首先证明一个相对简单，甚至条件有点苛刻的结果。随后，通过优化证明中的技巧，或者在证明中加入新的技巧，逐渐接近最终的目标。有关哥德巴赫猜想证明的研究也是遵循了类似的方法。

　　1920 年左右，英国数学家 G. 哈代（G. Hardy）和 J. 利特尔伍德（J. Littlewood）极大地发展了解析数论（Analytic Number Theory），建立起圆法（Circle Method）工具。他们用圆法证明了：如果广义黎曼猜想（Generalized Riemann Hypothesis）成立，则每个"充分大"的奇数都可以表示为三个质数的和；"几乎"每一个"充分大"的偶数都可以表示成两个质数的和。哈代和利特尔伍德依赖了另一个尚未证明的数学猜想来证明哥德巴赫猜想。虽然他们二人的成果与完全证明哥德巴赫猜想之间还有很大的距离，但毋庸置疑，他们的工作让数学家在证明哥德巴赫猜想的道路上迈进了一大步。1997 年，法国数学家 J. 戴舍尔（J. Deshouillers）、G. 埃芬格（G. Effinger）、H. 特里尔（H. te Riele）和 D. 季诺维也夫（D. Zinoviev）证明，如果广义黎曼假设猜想成立，则弱哥德巴赫猜想完全成立。季诺维也夫证明，如果广义黎曼假设猜想成立，则奇数都可以表示为最多五个质数的和。2012 年，数学家陶哲轩在无须广义黎曼假设猜想的条件证明了奇数都可以表示为最多五个质数的和。

　　另一方面，在哈代和利特尔伍德建立圆法工具的前一年，也就是 1919 年，挪威数学家 V. 布朗（V. Brun）推广了公元前 250 年就出现在古希腊的筛法（Sieve Method），并利用推广后的筛法证明了：所有"充分大"的偶数都能表示成两个数之和，并且两个数的质因数个数都不超过 9 个。也就是说，所有"充分大"的偶数确实可以表示成两个数的和，但这两个数是合数，且这两个合数所包含的质因子个数小于等于 9 个。因此，布朗所证明的问题一般被称为"9 + 9"问题，即"偶数等于最多包含 9 个质因子的合数加上最多包含 9 个质因子的合数"，哥德巴赫猜想就是"1 + 1"问题，即"偶数等于 1 个质数加 1 个质数"。

　　圆法和筛法为弱哥德巴赫猜想的证明提供了巨大的帮助。1937 年，苏联数学家 I. 维诺格拉多夫（I. Vinogradov）指出，"充分大"的奇数可以表示为三个质数的和。这一定理被称为维诺格拉多夫定理（Vinogradov's Theorem）。维诺格拉多夫的学生 K. 博罗兹金（K. Borozdin）在 1939 年确定了这个"充分大"的下限是 $3^{14348907}$。数学家之后只需要验证小于 $3^{14348907}$ 的奇数都可以表示为三个质数的和，结合维诺格拉多夫定理，就可以完全证明弱哥德巴赫猜想。

　　数学家似乎看到了完全证明出弱哥德巴赫猜想的曙光。然而，博罗兹金给出的这个下限实在太大了，即使是用今天的超级计算机也无法一一验证所有比这个下限小的奇数。2002 年，来自香港大学的数学家廖明哲与王天泽把这个下限降低到了 $e^{3100} \approx 2 \times 10^{1346}$。虽然这一新的下限数字还是超过了计算机的验证范围，但其相较于之前的下限已经是非常小了。

2013 年 5 月 1 日，法国国家科学研究院和巴黎高等师范学院的研究员 H. 贺欧夫各特（H. Helfgott）在线发表了两篇论文，宣布彻底证明了弱哥德巴赫猜想。贺欧夫各特综合使用了圆法、筛法、指数和等方法，把维诺格拉多夫定理中的下限降低到了 10^{30}。同时，贺欧夫各特的同事 D. 普莱特（D. Platt）用计算机验证了在 10^{30} 之下的所有奇数都符合猜想，从而彻底解决了弱哥德巴赫猜想。

圆法为弱哥德巴赫猜想的证明提供了强有力的帮助。但圆法对于强哥德巴赫猜想的证明却无能为力。前文曾提到，1919 年布朗用推广后的筛法证明了 "9 ＋ 9" 问题。此后，数学家便将证明强哥德巴赫猜想的希望寄托在了布朗提出的方法上。数学家分别于 1924 年证明了 "7 ＋ 7" 问题、于 1932 年证明了 "6 ＋ 6" 和 "1 ＋ 6" 问题、于 1938 年证明了 "5 ＋ 5" 问题和 "4 ＋ 4" 问题、于 1956 年证明了 "3 ＋ 4" 问题和 "3 ＋ 3" 问题、于 1957 年证明了 "2 ＋ 3" 问题、于 1962 年证明了 "1 ＋ 5" 问题、于 1956 年证明了 "1 ＋ 4" 问题、于 1965 年证明了 "1 ＋ 3" 问题，一步一步迫近强哥德巴赫猜想的 "1 ＋ 1" 问题。

我国数学家陈景润于 1973 年对筛法做出了重大改进。陈景润提出了一种新的加权筛法，并证明了 "1 ＋ 2" 问题，即 "偶数等于 1 个质数加上最多包含 2 个质因子的合数"。无奈的是，陈景润几乎已经将筛法发挥到了极致，很难再进一步挖掘筛法从而证明 "1 ＋ 1" 问题。强哥德巴赫猜想的证明等待着新的数学工具的诞生。

3.2 质数的性质

质数的魅力不仅仅体现在优美而神秘的哥德巴赫猜想上，其蕴含的特殊性质更是值得细细玩味。在小学五年级学习质数时，小学数学老师可能教授过以下口诀，帮助大家记忆 100 以内的质数表：

2、3、5、7 和 11，13、19 和 17，

23 来 29，31 来 37，

41、43 和 47，53、59、61，

67、71 和 73，79、83、89，再加一个 97。

不过，老师没有要求同学背诵大于 100 的质数。这是为什么呢？难道没有大于 100 的质数了吗？显然这个想法是站不住脚的，经过简单尝试不难发现 101 就是个质数。那么质数是否有无限多个呢？可以负责任地称，是的，数学家在很久以前就已经证明了这一点。公元前 300 年至公元前 200 年间，古希腊数学家欧几里得就在他著名的数学教科书《几何原本》（*Stoicheia*）中证明了质数有无限多个。

下面我们用反证法来证明一下这个问题。假设"只有有限个质数 p_1，p_2，$\cdots$，p_n"。我们构造一个新的数 $Q = p_1 p_2 \cdots p_n + 1$。$Q$ 一定满足下述两个条件之一：（1）Q 是一个质数，但 Q 不等于任何一个 p_i。这就与假设"只有有限个质数 p_1，p_2，$\cdots$，p_n"矛盾，因为在 p_1，p_2，$\cdots$，p_n 之外，至少还存在一个质数 $p_n + 1 = Q$；（2）Q 可以被写为两个或者多个质数的乘积形式，但是 Q 除以任意一个 p_i 的余数都为 1，这意味着任意质数 p_i 都不是 Q 的质因子，所以在 p_1，p_2，$\cdots$，p_n 之外，至少还存在一个可以整除 Q 的质数 p_{n+1}。这也与假设"只有有限个质数 p_1，p_2，$\cdots$，p_n"矛盾。因此，质数有无穷多个。

质数还有哪些其他有趣的性质呢？客官莫急，下面就来介绍一下：质数的分布、质数螺旋与孪生质数、质数的判定和最大公约数及其应用。

3.2.1 质数的分布

小学数学老师并没有要求大家背诵大于 100 的质数，其中一个很重要的原因是：质数在整数中出现的位置是没有任何规律的。18 世纪晚期，曾有一位数学家编制了一个巨大的质数表，试图从中总结出质数出现的规律，然而最后以失败告终。

其实不用说质数分布规律问题，就连"有多少个质数小于某一整数 x"这样一个看起来很简单的问题都困扰了人类将近 200 年。包括德国数学家 J. 高斯（J. Gauss）和法国数学家 A. 勒让德（A. Legendre）在内的大数学家都曾提出过下述猜想，然而他们并没有给出严谨的证明：

当 x 无限增大时，不超过 x 的质数个数与 $\dfrac{x}{\ln x}$ 的比值趋近于 1，其中 $\ln x$ 是 x 的自然对数。

这个猜想后来被称为质数定理（Prime Number Theorem）。这个定理的简单描述是：前 x 个正整数中大约有 $\dfrac{x}{\ln x}$ 个质数。在质数定理提出了大约 200 年后，法国数学家 J. 阿达马（J. Hadamard）和比利时数学家 C. 瓦列 – 普金（C. Vallée-Poussin）才于 1896 年利用复分析（Complex Analysis）首次证明了这一定理。虽然如今数学家已经找到了不应用复分析证明质数定理的方法，但是所有已知的证明都非常复杂，远非质数定理本身那样清晰简洁。

3.2.2 质数螺旋与孪生质数

质数的分布真的毫无规律吗？话不能说太绝，至少数学家已经观察到了一些特殊现象，其背后可能隐藏着待发掘的规律。第一个可以观察到的现象是质数螺旋（Prime Spiral）。

1963 年，美籍波兰裔数学家乌拉姆在聆听一场无聊的报告时在纸上信手涂鸦。他从纸的中心开始，由内而外螺旋形撰写了各个正整数。随后，他圈出了其中所有的质数，如图 3.7 所示。令乌拉姆吃惊的是，这些被圈出的质数与整数方阵的对角线趋近于平行。乌拉姆进一步绘制了一个大小为 200 × 200 的质数方阵，如图 3.8 所示。他发现，在质数方阵中可以清晰地观察到水平线、垂直线、对角线似乎都包含更多的质数。同时，其他质数的分布似乎还满足螺旋线的关系。

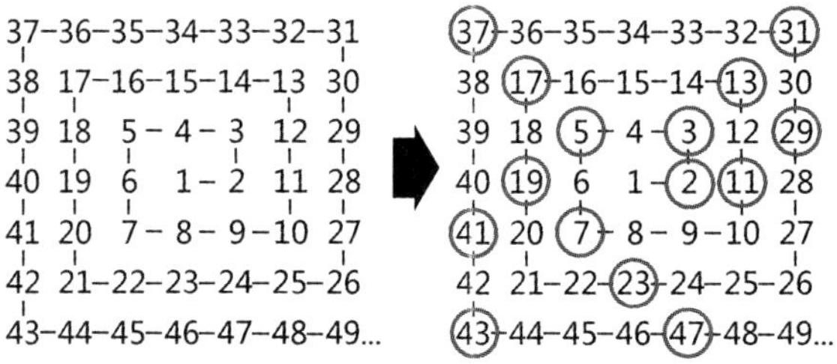
37–36–35–34–33–32–31
38 17–16–15–14–13 30
39 18 5 – 4 – 3 12 29
40 19 6 1 – 2 11 28
41 20 7 – 8 – 9 –10 27
42 21–22–23–24–25–26
43–44–45–46–47–48–49…
37–36–35–34–33–32–31
38 17–16–15–14–13 30
39 18 5 – 4 – 3 12 29
40 19 6 1 – 2 11 28
41 20 7 – 8 – 9 –10 27
42 21–22–23–24–25–26
43–44–45–46–47–48–49…

图 3.7　乌拉姆在纸上的信手涂鸦

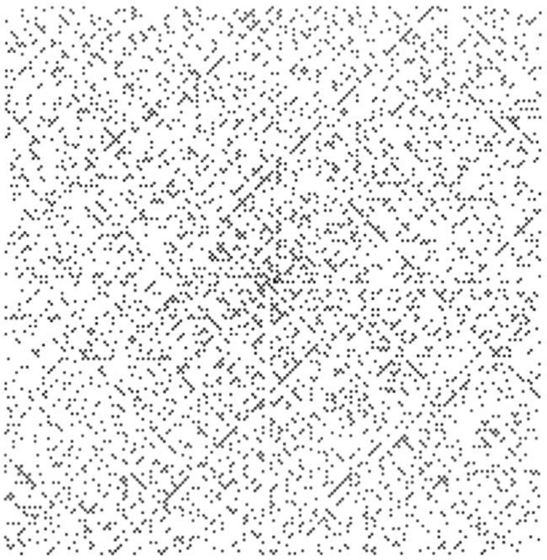

图 3.8　大小为 200 × 200 的质数方阵

在知乎问题“极坐标表示 5000~50 000 之间的素数为什么会形成一条斐波那契螺旋线？”中，知友 @ 王小龙使用 Matlab 软件绘制出了漂亮的质数螺旋线图：

我们不看 500~50 000 间那么多的质数了，看 500~1500 之间的质数就够了。把质数涂成蓝色，把合数涂成红色，就得到如图 3.9 的图像。

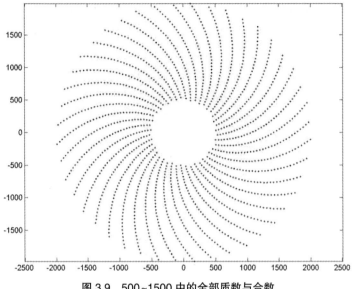

图 3.9　500~1500 中的全部质数与合数

　　发现了吧，大概 11 点钟方向和 5 点钟方向的确各有三列数全是合数。如果还是看不太清楚，把 500~20 000 内的质数和这三条全是合数的线画出来，如图 3.10所示。

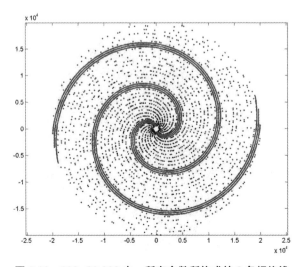

图 3.10　500~20 000 中，所有合数所构成的 3 条螺旋线

如果把所有没有质数的螺旋画出来，应该如图 3.11 所示。

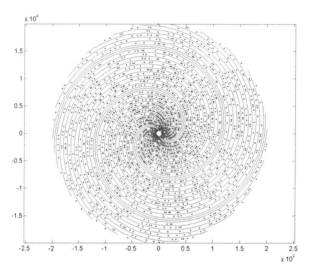

图 3.11　500~20 000 中，所有合数所构成的螺旋线

从维基百科的质数页面链接到一个提供质数表的网站，下载了前 100 万个质数。现在把区间 $[1\,006\,721,\,15\,485\,863]$，也就是 100 万到 1500 万之间的质数画出来，如图 3.12 所示。

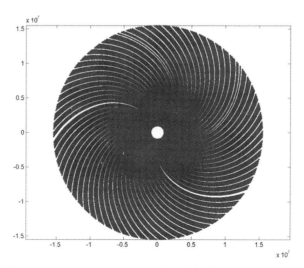

图 3.12　1 006 721~15 485 863 中，所有质数所构成的螺旋线

把左边部分放大一点看，如图 3.13 所示。

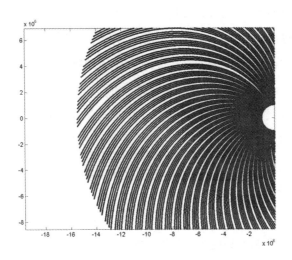

图 3.13　1 006 721~15 485 863 中，所有质数所构成螺旋线的左上部分放大结果

第二个可以观察到的现象就涉及孪生质数猜想了。前文曾介绍过，前 x 个正整数中大约有 $\dfrac{x}{\ln x}$ 个质数。这也就意味着，随着 x 的不断增大，质数的比例会越来越小，质数在整数间的分布会变得越来越稀疏。例如，当 $x = 1\,000$ 时，$\ln x \approx 7$，即大约每 7 个整数中就有 1 个质数；当 $x = 10\,000$ 时，$\ln x \approx 9$，大约每 9 个整数中才有 1 个质数；当 $x = 100\,000$ 时，$\ln x \approx 12$，大约每 12 个整数中才能找到 1 个质数。实际上，给定任意整数 $n > 1$，则连续 n 个整数 $(n+1)! + 2$，$(n+1)! + 3, \cdots, (n+1)! + (n+1)$ 都是合数，因为显然这 n 个整数从前到后可以分别整除 2，3，$\cdots$，$n+1$。

那么，一个很自然的问题是，是否质数越大，质数与质数之间就会隔得越来越远呢？其实不然。很多情况下，两个连续的质数之间只相差 2。所谓孪生质数就是指相差为 2 的两个质数。孪生质数用数学语言描述为：整数对 $(p, p+2)$，其中 p 和 $p+2$ 均为质数。列举一下最小的 20 对孪生质数：（3，5）、（5，7）、（11，13）、（17，19）、（29，31）、（41，43）、（59，61）、（71，73）、（101，

103）、（107，109）、（137，139）、（149，151）、（179，181）、（191，193）、（197，199）、（227，229）、（239，241）、（269，271）、（281，283）、（311，313）。截至 2016 年 9 月，人类已知最大的孪生质数为：

$$（2\,996\,863\,034\,895 \times 2^{1\,290\,000} - 1，2\,996\,863\,034\,895 \times 2^{1\,290\,000} + 1）$$

如果用十进制表示这一对孪生质数，则需要 388\,342 位。

那么，孪生质数是否也像质数本身一样有无穷多个呢？希尔伯特在 1900 年第二届国际数学家年会上的报告中正式提出了孪生质数猜想，并将此猜想列入了 23 道最为重要的数学问题中：

存在无穷多个质数 p，使得 $p + 2$ 也是质数。

1849 年，法国数学家 A. 波利尼亚克（A. Polignac）提出了一个比上述猜想更一般化的猜想，称为波利尼亚克猜想（Polignac's Conjecture）：

对所有自然数 k，存在无穷多个质数对 $(p，p + 2k)$。

当 $k = 1$ 时，波利尼亚克猜想与孪生质数猜想等价。

孪生质数猜想虽然不如哥德巴赫猜想那样著名，但在数学界仍然是一个公认的难题。幸运的是，孪生质数猜想有望在近期得到解决。2013 年 5 月 14 日，据《自然》杂志报道，我国数学家张益唐证明：存在无穷多个质数对，使得质数对中前后两个质数的差值小于 7000 万。他的论文已被国际数学旗舰期刊《数学年刊》（*Annals of Mathematics*）于 2013 年 5 月 21 日接收，并于 2014 年正式发表。同期，数学家陶哲轩于 2013 年 6 月 4 日开始了一个名为 "PolyMath" 的计划，邀请网上的志愿者协助合作，降低张益唐的论文中所给出的 7000 万上限。截止到 2016 年 7 月 14 日，上限已经从 7000 万降低至 246。

3.2.3 质数的判定

质数的判定也是一个不小的麻烦。如果很容易判断一个正整数是否为质数，大概也就不需要费劲背诵质数表了，直接快速验证给出的正整数是否为质数即可。

那么验证一个正整数是否为质数到底有多麻烦呢？我们来试一试：请判

断 339 061 是否为一个质数？一个很直观的想法就是用 339 061 除以小于它的各个正整数，尝试找到一个因子。经过漫长而艰苦的人工计算后，最终会发现 $339\,061 = 409 \times 829$，因此 $339\,061$ 是一个合数。判断某个正整数是否为质数的问题至今为止依然困扰着数学界。这一问题在数学上被称为质性检测（Primality Test）。

先来看看满足特殊形式的正整数质性检测方法。欧几里得在《几何原本》中指出，少量的质数可以写成 $2^p - 1$ 的形式，其中 p 也是一个质数。为方便起见，将满足 $2^p - 1$ 形式，其中 p 是质数的正整数记为 M_p。人类为了验证这类正整数 M_p 为质数可谓是煞费苦心。古希腊数学家验证，$p = 2$、3、5、7 时，$2^p - 1$ 是质数，即 M_2、M_3、M_5、M_7 是质数。由于 2、3、5、7 恰好是前四个质数，因此很长一段时间，人类都认为对于所有的质数 p，M_p 都是质数。1456 年，人类发现 M_{13} 是质数。然而，荷兰数学家 H. 雷吉乌斯（H. Regius）于 1536 年指出，当 $p = 11$ 时，$2^{11} - 1 = 2047 = 23 \times 89$ 并不是质数，即 M_{11} 不是质数。这一结论自然是否定了"对于所有的质数 p，M_p 都是质数"的猜想。

历史的车轮继续向前。1588 年，意大利数学家 P. 卡塔尔迪（P. Cataldi）认为，当 $p = 17$、19、23、29、31、37 时，M_p 是质数。然而，法国数学家费马和瑞士数学家欧拉分别指出，$p = 23$、29、31、37 时，M_p 不是质数。因此，卡塔尔迪只发现了 M_{17}、M_{19} 这两个质数。随后，欧拉于 1772 年发现 M_{31} 是质数。

1644 年，法国传教士 M. 梅森（M. Mersenne）对此类正整数进行了详细的研究。他提出了这样的猜测：当 $p = 2$、3、5、7、13、17、19、31、67、127、257 时，M_p 是质数；而对于其他小于 257 的质数 p，M_p 都不是质数。数学家花费了将近 300 年的时间研究了梅森给出的这一系列质数，并发现梅森的推断中存在一些问题。他们发现，当 $p = 67$、257 时，M_p 并不是质数，同时梅森还遗漏了一些其他满足条件的质数。1883 年，俄罗斯数学家 I. 佩尔武洛夫（I. Pervushin）证明了 M_{61} 是质数。1911 年和 1914 年，美国数学家 R. 鲍尔斯（R. Powers）分别证明了 M_{89} 和 M_{107} 是质数。为纪念梅森对此类质数研究所做出的突出贡献，数学家

将形如 $2^p - 1$ 的质数称为梅森质数（Mersenne Prime），并用梅森英文姓氏的首字母 M 来表示这类特别的质数。

梅森质数的挖掘史同时也是人类寻找最大质数的挖掘历史。1876 年，法国数学家 F. 卢卡斯（F. Lucas）证明了 M_{127} 是梅森质数。在这之后的 75 年间，M_{127} 一直是人类已知的最大质数。同年，卢卡斯总结了一种快速检验梅森质数的方法。20 世纪 30 年代，美国数学家 D. 莱默（D. Lehmer）改进了卢卡斯所提出的梅森质数检验方法，提出了卢卡斯 – 莱默质数检验法（Lucas — Lehmer Primality Test）。计算机的发明大大提高了梅森质数检验的效率。得益于计算机强大的快速计算能力，人类应用卢卡斯 – 莱默质数检验法发现了更大的质数。1952 年，加州大学伯克利分校的美国数学家 R. 罗宾逊（R. Robinson）在莱默的指导下编写了计算机程序，利用位于洛杉矶加利福尼亚大学的西部自动计算机（Standards Western Automatic Computer，SWAC）发现了梅森质数 M_{521} 和 M_{607}。

为了找到更大的梅森质数，毕业于麻省理工学院的 G. 沃尔特曼（G. Woltman）于 1996 年发起了名为互联网梅森质数大搜索（Great Internet Mersenne Prime Search，GIMPS）的项目。任何志愿者都可以从网站上免费下载开放源代码的两个软件来搜索梅森质数，这两个软件的名称分别为 "Prime95" 和 "MPrime"。GIMPS 项目取得了巨大的成功。截至 2018 年 12 月，GIMPS 共搜索到 17 个梅森质数。目前已知最大的梅森质数是 2018 年 12 月 7 日发现的第 50 个梅森质数 $M_{82\,589\,933}$，这个数有 $24\,862\,048$ 位长。如果把这个数写在一本书中，则总共需要写大约 9600 页。

对于一般的正整数 x，检测其质性是一个相当困难的问题。最简单的方法是试除法（Trial Division），即依次尝试用 x 除以小于 x 的数，看看是否可以整除。不难发现，除数尝试到 $\sqrt{x}$ 就足够了。然而，对于比较大的正整数 x，这一方法的计算量仍然过于庞大。因此，数学家们也在不断寻找其他能够提高判定效率的方法。

1770 年，英格兰数学家 E. 华林（E. Waring）与他的学生 J. 威尔逊（J.

Wilson）提出了一个正整数质性判定的等价条件。数学家将这一结论称为威尔逊定理（Wilson's Theorem）。遗憾的是，这对师生当时未能给出这一定理的证明。1773 年，法国籍意大利裔数学家 C. 拉格朗日（C. Lagrange）首次证明了威尔逊定理。利用威尔逊定理，可以略微提高正整数质性判定的效率。但是，基于威尔逊定理的质性判定过程中包含一次阶乘运算，即计算 $x!$，因此这一判定方法的计算量仍然大得夸张。随后，数学家又提出了多种正整数质性判定方法，包括前面提到的卢卡斯－莱默质数检验法、普洛兹判定法（Proth's Test）、波克林顿判定法（Pocklington's Test）等。但这些判定方法都涉及复杂的运算。大整数的质性判定效率仍然太低。

上述方法可以 100% 判定某个正整数是否为质数，一般称此类判定法为确定判定法（Deterministic Test）。既然确定判定法的效率太低，那么能否改为判断一个正整数为质数的可能性有多少呢？也就是说，找到某种方法对正整数进行测试，如果测试通过，则有比较大的概率判断此正整数是质数。遵循这一思路的判定方法一般称为概率判定法（Probabilistic Test）。事实证明，概率判定法虽然丧失了一部分准确性，但判定效率比确定判定法要高得多。最先发现的概率判定法直接利用了 1636 年费马提出的费马小定理，称为费马判定法（Fermat Primality Test）。

提到费马，最广为人知的想必就是费马在《页边笔记》（*Margin Note*）中的这句话：

我发现了一个美妙的证明，但是由于页边空白太小而没有写下来。

这个美妙的证明指的就是费马猜想（Fermat's Conjecture）的证明。这简单的一句话却花费了数学家超过 300 年的努力。为了证明费马猜想，在横跨三个世纪的证明过程中，数学家先后引入了代数几何中的椭圆曲线（Elliptic Curve）和群论中的伽罗华理论（Galois Theory）。这两个数学概念在现代密码学中有着举足轻重的地位。在数学家的不懈努力下，1994 年英国数学家 A. 怀尔斯（A. Wiles）最终完成了费马猜想的证明，使得费马猜想升级为费马大定理（Fermat's Last

Theorem）。怀尔斯的费马猜想证明过程最终发表在 1995 年的《数学年刊》上。《数学年刊》正是发表张益唐孪生质数猜想证明的期刊。怀尔斯的完整证明一共有 109 页，也难怪 300 多年前费马在《页边笔记》中写不下证明过程。

为了进一步提高概率判定法的效率，美国数学家 R. 索洛韦（R. Solovay）和德国数学家 V. 施特拉森（V. Strassen）于 1977 年提出了索洛韦 - 施特拉森概率判定法（Solovay–Strassen Primality Test）。索洛韦 - 施特拉森概率判定法并没有得到广泛的应用，但此判定法从思想上给予了数学家很大的启迪。1976 年，卡内基梅隆大学的计算机系教授 G. 米勒（G. Miller）提出了一个基于广义黎曼猜想的质数概率判定法。然而，由于广义黎曼猜想还没有得到证明，因此米勒所提出的概率判定法暂时还无法使用。随后，以色列耶路撒冷希伯来大学的 M. 罗宾（M. Rabin）对米勒的概率判定法进行了修改，提出了不依赖于广义黎曼猜想的概率判定法。由于米勒和罗宾对此概率判定法都做出了突出的贡献，这一判定法被命名为米勒 - 罗宾质数判定法（Miller–Rabin Primality Test）。这是目前最为常用的质数判定法。

3.2.4 最大公约数及其应用

了解了质数的概念后，我们可以进一步介绍最大公约数（Greatest Common Divisor）这个概念了。能整除两个整数的整数称为这两个整数的公约数（Common Divisor）。例如，整数 1、2、3、4、6、12 都可以整除 24 和 36，因此整数 1、2、3、4、6、12 都是 24 和 36 的公约数。而最大公约数，顾名思义，就是公约数里最大的整数。例如，24 和 36 所有公约数中最大的是 12，因此 12 是 24 和 36 的最大公约数。如果两个整数的最大公约数是 1，就称这两个整数互质（Relatively Prime）。例如，17 和 22 的最大公约数是 1，因此 17 和 22 互质。

给定任意两个整数 a 和 b，如何求 a 和 b 的最大公约数呢？最直观的方法就是根据最大公约数的定义，寻找 a 和 b 的所有公约数，再取所有公约数中最大的那个。然而，用这种方法求解最大公约数的效率实在是太低了。欧几里得在《几何原本》中记载了一个快速求解最大公约数的方法——欧几里得算法（Euclidean Algorithm）[①]。给定两个正整数 a 和 b，其中 $a \geq b$，欧几里得算法的执行过程如下：

①令 $r_0 = a$，$r_1 = b$；

②计算 r_0 除以 r_1，得到商 q 和余数 r_2，即有：$r_0 = r_1 \cdot q + r_2$；

③令 $r_0 = r_1$，$r_1 = r_2$；

④如果 $r_1 = 0$，则最大公约数为 r_1；否则重复执行步骤②和步骤③。

上述步骤中涉及很多符号，不是很好理解。下面用一个具体的例子来演示欧几里得算法。假定求 $a = 414$ 和 $b = 662$ 的最大公约数。上述步骤的执行过程如下：

1. 执行上述步骤的前提是 $a \geq b$，因此换一下 a 和 b 的位置，令 $a = 662$，$b = 414$；

2. 执行步骤①：$r_0 = a = 662$，$r_1 = b = 414$；

3. 执行步骤②：$r_0 = r_1 \cdot q + r_2$，而 $662 = 414 \times 1 + 248$，因此 $r_2 = 248$；

4. 执行步骤③：$r_0 = r_1 = 414$，$r_1 = r_2 = 248$；

5. 执行步骤④：$r_1 = 414 \neq 0$，重复执行步骤②和步骤③；

6. 执行步骤②：$r_0 = r_1 \cdot q + r_2$，而 $414 = 248 \times 1 + 166$，因此 $r_2 = 166$；

7. 执行步骤③：$r_0 = r_1 = 248$，$r_1 = r_2 = 166$；

8. 执行步骤④：$r_1 = 166 \neq 0$，重复执行步骤②和步骤③；

9. 执行步骤②：$r_0 = r_1 \cdot q + r_2$，而 $248 = 166 \times 1 + 82$，因此 $r_2 = 82$；

10. 执行步骤③：$r_0 = r_1 = 166$，$r_1 = r_2 = 82$；

11. 执行步骤④：$r_1 = 82 \neq 0$，重复执行步骤②和步骤③；

12. 执行步骤②：$r_0 = r_1 \cdot q + r_2$，而 $166 = 82 \times 2 + 2$，因此 $r_2 = 2$；

13. 执行步骤③：$r_0 = r_1 = 82$，$r_1 = r_2 = 2$；

14. 执行步骤④：$r_1 = 2 \neq 0$，重复执行步骤②和步骤③；

[①] 我们在这里预先接触到了"算法"这一术语，4.1 节会详细介绍"算法"这一术语的含义。

15. 执行步骤②：$r_0 = r_1 \cdot q + r_2$，而 $82 = 2 \times 41 + 0$，因此 $r_2 = 0$；

16. 执行步骤③：$r_0 = r_1 = 2$，$r_1 = r_2 = 0$；

17. 执行步骤④：$r_1 = 0$，则最大公约数为 $r_1 = 2$。

因此 $a = 414$ 和 $b = 662$ 的最大公约数为 2。

观察欧几里得算法求解最大公约数的步骤，会发现欧几里得法一直在交替执行除法：

$$662 \div 414 = 1 \cdots\cdots 248$$

$$414 \div 248 = 1 \cdots\cdots 166$$

$$248 \div 166 = 1 \cdots\cdots 82$$

$$166 \div 82 = 2 \cdots\cdots 2$$

$$82 \div 2 = 41 \cdots\cdots 0$$

故欧几里得法又被称为辗转相除算法（Division Algorithm）。辗转相除算法的效率比"寻找 a 和 b 的所有公约数，再取所有公约数中的最大值"要高得多。

3.3 同余算数及其性质

上一节中，我们一直在讨论正整数 a 可以整除正整数 b 的情况。本节将讨论如何处理正整数 a 不能整除正整数 b 的情况。前文曾提到过两种基本的处理方法："引入分数"和"引入余数"。下面我们就来看看"引入余数"会有哪些有趣的性质。

3.3.1 同余算数

余数的概念隐藏在人们日常生活中的各个角落。例如，假设现在的时间是 21:00。如果每天以 24 小时计时，想知道从现在开始 50 个小时以后的时间，就会自然而然地这样计算时间：21 小时加上 50 小时，除以 24 小时取余数。上述过程用数学公式表示为：$21 + 50 = 24 \times 2 + 23$。因此，从 21：00 开始，50 小时以后是 23：00，商 2 表示时间过去了两天。

如果 a 和 b 为整数，m 为正整数，如果 m 可以整除（$a - b$），就称 a 模 m 同余 b，并把 m 称为模数（Modulus）。同余关系用数学公式表示为：$a \equiv b (mod\, m)$。仍然以时钟为例，21 小时加上 50 小时等于 71 小时，再除以 24 小时，余数为 23 小时。这也就意味着 24 可以整除 $71 - 23 = 48$。因此，称（$21 + 50$）模 24 同余 23，用同余关系的数学公式表示为：$21 + 50 \equiv 23 (mod\, 24)$。可以看出，模数在同余算术中起到了很大的作用。

同余关系与加、减、乘、除一样，也是一种运算。当与加、减、乘、除运算组合起来时，只需要注意先乘除后加减这条性质即可。同余运算是否也能这样轻松愉悦地参与其中呢？答案好像并不直观。不如我们先来挖掘一下隐藏在同余运算背后的原理及规律，看看它和质数的性质又有着怎样密切的联系。下面将分三种情况进行讨论：模数为 2、模数为合数 N 和模数为质数 p。

3.3.2 模数为 2 的同余算数：计算机的基础

当模数为 2 时，能参与运算的就剩下 0 和 1 了，因为除了 0 和 1 外的其他整数都可以除以 2，而余数为 0 或 1。这么简单的同余算数，有什么可讨论的呢？既然模数为 2 时只剩下了 0 和 1，干脆在模数为 2 的条件下把所有 0 和 1 的加减乘除运算结果都列出来好了，如表 3.1 所示。

表 3.1　模数为 2 下的加、减、乘、除运算结果

	加法	减法	乘法	除法
0 与 0	$0 + 0 \equiv 0 (mod\, 2)$	$0 - 0 \equiv 0 (mod\, 2)$	$0 \times 0 \equiv 0 (mod\, 2)$	$0 \div 0 \equiv ? (mod\, 2)$
0 与 1	$0 + 1 \equiv 1 (mod\, 2)$	$0 - 1 \equiv ? (mod\, 2)$	$0 \times 1 \equiv 0 (mod\, 2)$	$0 \div 1 \equiv 0 (mod\, 2)$
1 与 0	$1 + 0 \equiv 1 (mod\, 2)$	$1 - 0 \equiv 1 (mod\, 2)$	$1 \times 0 \equiv 0 (mod\, 2)$	$1 \div 0 \equiv ? (mod\, 2)$
1 与 1	$1 + 1 \equiv ? (mod\, 2)$	$1 - 1 \equiv 0 (mod\, 2)$	$1 \times 1 \equiv 1 (mod\, 2)$	$1 \div 1 \equiv 1 (mod\, 2)$

从表 3.1 可以看出，模数为 2 的条件下会遇到这样几个麻烦的问题：

· $1 + 1 \equiv ?（mod\,2）$：如果不考虑同余运算，$1 + 1$ 应该等于 2。但这里是模数为 2 的同余运算，运算结果应该只能是 0 或者 1，而加法运算结果超过 0 或者 1 了，怎么办呢？既然同余运算的定义是取余数，也可以把运算结果除以 2 后取余数。2 除以 2 的余数为 0，因此有：$1 + 1 \equiv 0（mod\,2）$。

· $0 - 1 \equiv ?（mod\,2）$：如果不考虑同余运算，$0 - 1$ 应该等于 -1。但这里是模数为 2 的同余运算，似乎从没听说过余数可以为负数，怎么办呢？回想对负数的另一种理解：负数是与某个正数相加后结果为 0 的数。可以把 $0 - 1$ 表示为 $0 +（-1）$，而所谓的 -1 应该是与 1 相加后结果为 0 的数。在模数为 2 的同余运算中，哪个数与 1 相加后的结果等于 0 呢？在解决第一个麻烦的问题时，已经得到 $1 + 1 \equiv 0（mod\,2）$，即在模数为 2 的同余运算中，1 与 1 相加后的结果等于 0。因此有：$0 +（-1）\equiv 0 + 1 \equiv 1（mod\,2）$。

· $0 \div 0 \equiv ?（mod\,2）$、$1 \div 0 \equiv ?（mod\,2）$：如果不考虑同余运算，任何数除以 0 都是无意义的。同样，在同余运算中任何数除以 0 也是无意义的。

模数为 2 的同余运算就这么多内容。它在实际中有什么应用呢？答案想必会出乎大家的意料：模数 2 造就了计算机的诞生。

下面简单介绍一下计算机的工作原理。刘慈欣在著名硬科幻小说《三体》的第十七章"三体、牛顿、冯·诺依曼、秦始皇、三日连珠"中曾介绍过计算机的工作原理。来看看冯·诺依曼为秦始皇构建的第一个部件：

"我不知道你们的名字，"冯·诺伊曼拍拍前两个士兵的肩，"你们两个负责信号输入，就叫'入 1''入 2'吧。"他又指指最后一名士兵，"你，负责信号输出，就叫'出'吧，"他伸手拨动三名士兵，"这样，站成一个三角形，出是顶端，入 1 和入 2 是底边。"

"哼，你让他们呈楔形攻击队形不就行了？"秦始皇轻蔑地看着冯·诺伊曼。牛顿不知从什么地方掏出六面小旗。三白三黑，冯·诺伊曼接过来分给三名士兵，每人一白一黑，说："白色代表0，黑色代表1。好，现在听我说，出，你转身看着入1和入2，如果他们都举黑旗，你就举黑旗，其他的情况你都举白旗，这种情况有三种：入1白，入2黑；入1黑，入2白；入1、入2都是白。"

第1章介绍过，计算机只认识两个数："0"和"1"。冯·诺依曼在给秦始皇讲解计算机的工作原理时，将白旗看作"0"，将黑旗看作"1"。从讲解过程中可以观察到，运算的"入"不同，运算的"出"也不同。可以用如表3.2所示的形式描述冯·诺依曼所构建的第一个运算关系。

表3.2 冯·诺依曼所构建的第一个运算关系——与运算

"入1"	"入2"	"出"	运算关系
白旗（0）	白旗（0）	白旗（0）	$0 \times 0 \equiv 0 \,(mod\,2)$
白旗（0）	黑旗（1）	白旗（0）	$0 \times 1 \equiv 0 \,(mod\,2)$
黑旗（1）	白旗（0）	白旗（0）	$1 \times 0 \equiv 0 \,(mod\,2)$
黑旗（1）	黑旗（1）	黑旗（1）	$1 \times 1 \equiv 1 \,(mod\,2)$

对比表3.1可以看出，冯·诺依曼构建的第一个运算关系和模数为2的乘法运算有异曲同工之妙。冯·诺依曼通过士兵举旗子的方式构建出了模数为2的乘法运算，而这一运算在计算机中对应着一个专有名词：与（AND）运算。一般来说，数学家和计算机科学家会用乘法符号"·"或符号"$\otimes$"表示与运算[①]。如果用A表示"入1"、B表示"入2"、Y表示"出"，则与运算可以表示为：Y = A$\otimes$B。

既然与运算是模数为2的乘法同余运算，那么冯·诺依曼构建的下一个运算关系会是模数为2的加法同余运算吗？继续往后看：

冯·诺伊曼转向排成三角阵的三名士兵："我们构建下一个部件。你，出，只要看到入1和入2中有一个人举黑旗，你就举黑旗，这种情况有三种组合——黑黑、白黑、黑白，剩下的一种情况——白白，你就举白旗。明白了吗？好孩子，

---

① 为了体现与运算与模数为2乘法运算的关系，本节将使用符号"$\otimes$"表示与运算。

你真聪明，门部件的正确运行你是关键，好好干，皇帝会奖赏你的！下面开始运行：举！好，再举！再举！好极了，运行正常，陛下，这个门部件叫或门。"

冯·诺依曼所构建的第二种运算关系称为或（OR）运算，其全部运算结果可以用表3.3描述。

表 3.3　冯·诺依曼所构建的第二个运算关系——或运算

"入 1"	"入 2"	"出"
白旗（0）	白旗（0）	白旗（0）
白旗（0）	黑旗（1）	黑旗（1）
黑旗（1）	白旗（0）	黑旗（1）
黑旗（1）	黑旗（1）	黑旗（1）

一般来说，数学家和计算机科学家直接用加法符号"+"表示或运算。

或运算似乎和模 2 下的加法运算没什么关系，继续往后看：

然后，冯·诺伊曼又用三名士兵构建了与非门、或非门、异或门、同或门和三态门，最后只用两名士兵构建了最简单的非门：出总是举与入颜色相反的旗。

注意到，冯·诺依曼又构造出了多种运算关系，包括与非（NAND）、或非（NOR）、异或（XOR）、同或（XNOR）和三态（Tri-State）。先来考察异或运算。异或运算是指，如果两个"入"所举的旗子是同一个颜色，"出"就举白旗；如果两个"入"所举的旗子不是同一个颜色，"出"就举黑旗。异或运算的全部结果可以用表3.4描述。

表 3.4　冯·诺依曼所构建的异或运算

"入 1"	"入 2"	"出"	运算关系
白旗（0）	白旗（0）	白旗（0）	$0 + 0 \equiv 0\,(mod\,2)$
白旗（0）	黑旗（1）	黑旗（1）	$0 + 1 \equiv 1\,(mod\,2)$
黑旗（1）	白旗（0）	黑旗（1）	$1 + 0 \equiv 1\,(mod\,2)$
黑旗（1）	黑旗（1）	白旗（0）	$1 + 1 \equiv 0\,(mod\,2)$

对比模数为 2 下加法运算的结果和"入 1""入 2""出"之间的关系，可以看出异或运算和模数为 2 下的加法运算是等价的。同样由于存在这样的对应关系，无论是数学家、计算机科学家还是相关人员，都已经约定俗成地用符号"⊕"表示异或运算了。同样地，如果用 A 表示"入 1"、B 表示"入 2"、Y 表示"出"，则异或运算可以表示为：$Y = A \oplus B$。

在计算机中，还有一种非常基础的运算，称为非（NOT）运算。非运算只有一个"入"和一个"出"。非运算是指，"出"总是与"入"举颜色相反的旗。也就是说：当"入"举黑旗（1）时，"出"举白旗（0）；当"入"举白旗（0）时，"出"举黑旗（1）。非运算的全部结果可以用表 3.5 描述。

表 3.5 非运算

"入"	"出"
白旗（0）	黑旗（1）
黑旗（1）	白旗（0）

有趣的是，如果把非运算看作"入 2"固定为 1 的异或运算，则完全可以用异或运算表示非运算，如表 3.6 所示。

表 3.6 非运算和异或运算之间的关系

"入 1"	"入 2"（固定为 1）	"出"	运算关系
白旗（0）	黑旗（1）	黑旗（1）	$0 + 1 \equiv 1\,(mod\,2)$
黑旗（1）	黑旗（1）	白旗（0）	$1 + 1 \equiv 0\,(mod\,2)$

一般来说，数学家和计算机科学家会在"入"的上方画一个横线，来表示非运算。如果用 X 表示"入"，Y 表示"出"，则非运算可以表示为：$Y = \overline{X}$。如果用异或运算来表示非运算，则有 $Y = \overline{X} = X \oplus 1$。

而计算机正是由这些简单的运算构成的，正如冯·诺依曼之后所说：

"不需要，我们组建一千万个这样的门部件，再将这些部件组合成一个系统，这个系统就能进行我们所需要的运算，解出那些预测太阳运行的微分方程。这个系统，我们把它叫作……嗯，叫作……"

"计算机。"汪淼说。

人类通过模 2 这样一个最为基本的同余运算，便可以用数学方式描述计算机的计算原理了。反过来想一想，其实这也是十分合理的。数学中所涉及的基本运算就是加、减、乘、除，而计算机就是帮助人们快速实现加、减、乘、除的计算工具。因此，从数学角度看，能实现模 2 条件下的加法运算和乘法运算，再利用数学性质将模 2 条件下的同余运算扩展为人们熟知的十进制运算，就可以让计算机完成计算任务了。

3.3.3 模数为 N 的同余算数：奇妙的互质

再来看看当模数为合数 N 时会发生什么。当模数为 N 时，可以参与运算的数为所有小于 N 的正整数，即：0，1，2，…，$N-1$，一共有 N 个正整数。模数为 N 的情况实际上特别复杂，这里只考虑 N 为两个质数乘积的形式，即 $N = p \times q$，其中 p 和 q 为不相等的质数。

接下来我们以 $N = 10 = 2 \times 5$ 举例。各个数字除以 10 的余数非常好计算：看结果的个位即可。当模数为 $N = 10$ 时，情况会变成什么样子呢？

首先要解决减法和负数问题。模数为 N 时的解决方法和模数为 2 时的解决方法类似。对于小于 N 的任意正整数 a，哪个正整数与 a 相加的结果等于 0 呢？结果很简单，$N-a$。显然 $0 < N-a < N$，且 $a + (N-a) \equiv a + N - a \equiv N \equiv 0 \,(mod\, N)$。这样一来，就成功解决了模数为 N 时的减法和负数问题。例如，$N = 10$ 时，小于 10 的正整数所对应的负数如表 3.7 所示。

表 3.7　模数为 10 时，小于 10 的正整数所对应的负数

a	0	1	2	3	4	5	6	7	8	9
$-a$	0	9	8	7	6	5	4	3	2	1

接下来要解决除法和倒数的问题。对于正整数 0 来说情况很简单：任何正整

数乘以 0 仍然等于 0；0 除以任何正整数仍然等于 0；任何正整数除以 0 都没有意义。但对于小于 N 又不是 0 的正整数来说，问题就变得有点复杂了。根据除法和倒数的定义，需要找到小于 N 的正整数 a 所对应的倒数 a^{-1}，使得 a 与 a^{-1} 相乘的结果在模 N 的条件下等于 1，即 $a \times a^{-1} \equiv 1 \pmod{N}$。

然而，寻找 a^{-1} 的过程并非如此轻松。对于有些正整数 a，是可以找到 a^{-1} 的。例如，当 $N = 10$ 时，对于 $a = 3$，有 $3 \times 7 = 21 \equiv 1 \pmod{10}$，因此 $a^{-1} \equiv 7 \pmod{10}$。但是对于有些正整数 a，却找不到 a^{-1}。例如，当 $N = 10$ 时，对于 $a = 2$，如果尝试所有的可能，得到的结果是：$2 \times 1 \equiv 2 \pmod{10}$，$2 \times 2 \equiv 4 \pmod{10}$，$2 \times 3 \equiv 6 \pmod{10}$，$2 \times 4 \equiv 8 \pmod{10}$，$2 \times 5 \equiv 0 \pmod{10}$，$2 \times 6 \equiv 2 \pmod{10}$，$2 \times 7 \equiv 4 \pmod{10}$，$2 \times 8 \equiv 6 \pmod{10}$，$2 \times 9 \equiv 2 \pmod{10}$，找不到一个 a^{-1}，使之与 $a = 2$ 在模 10 下的相乘结果等于 1。这怎么办？

干脆把所有能找到 a^{-1} 的正整数 a 都列出来，看看有没有什么规律可循。当 $N = 10$ 时，a^{-1} 的搜寻结果如表 3.8 所示。

表 3.8　模数为 10 时，小于 10 的正整数所对应的倒数搜寻结果

a	1	2	3	4	5	6	7	8	9
$a-1$	1		7				3		9

有什么规律吗？首先可以观察到：所有偶数都找不到对应的倒数。其次，5 也找不到对应的倒数。再仔细观察就会得到这样一个神奇的结论：能找到倒数的正整数 1、3、7、9 和模数 10 的最大公约数均为 1，也就是 1、3、7、9 都与 10 互质。而不能找到倒数的正整数 2、4、5、6、8 和模数 10 的最大公约数都不为 1，也就是 2、4、5、6、8 都不与 10 互质。

为什么会出现这样一个神奇的规律呢？这个规律和最大公约数的一个重要性质有关，这个性质是：如果两个整数 a 和 b 的最大公约数为 c，则一定存在整数 s 和 t，使得 $c = s \cdot a + t \cdot b$。

这个性质的证明比较复杂，在此就不详述了。我们下面介绍，如何通过 3.2.4

节给出的欧几里得算法快速得到满足上述性质的整数 s 和 t。通过 3.2.4 节的实例我们已经得知，$a = 414$ 和 $b = 662$ 的最大公约数为 $c = 2$。该如何利用欧几里得计算方法得到整数 s 和 t，使得 $2 = 414s + 662t$ 呢？欧几里得计算方法实际上执行了下列除法运算：

$$662 \div 414 = 1 \cdots\cdots 248 \quad ①$$
$$414 \div 248 = 1 \cdots\cdots 166 \quad ②$$
$$248 \div 166 = 1 \cdots\cdots 82 \quad ③$$
$$166 \div 82 = 2 \cdots\cdots 2 \quad\;\; ④$$
$$82 \div 2 = 41 \cdots\cdots 0 \quad\quad ⑤$$

· 由第④个除法，可以用 166 和 82 表示最大公约数 2：$2 = 166 \times 1 - 82 \times 2$；

· 由第③个除法，可以得到：$82 = 248 - 166 \times 1$，将这个关系代入上一个等式，可以进一步用 248 和 166 表示最大公约数 2：$2 = 166 - 82 \times 2 = 166 - (248 - 166 \times 1) \times 2 = -248 \times 2 + 166 \times 3$。

· 由第②个除法，可以得到：$166 = 414 - 248 \times 1$，将这个关系代入上一个等式，可以进一步用 414 和 248 表示最大公约数 2：$2 = -248 \times 2 + 166 \times 3 = -248 \times 2 + (414 - 248 \times 1) \times 3 = 414 \times 3 - 248 \times 5$。

· 由第①个除法，可以得到：$248 = 662 - 414 \times 1$，将这个关系代入上一个等式，最终得到用 $a = 414$ 和 $b = 662$ 表示最大公约数 2 的方法：$2 = 414 \times 3 - 248 \times 5 = 414 \times 3 - (662 - 414 \times 1) \times 5 = 414 \times 8 - 662 \times 5$。

对比 $2 = 414s + 662t$，最终得到：$s = 8$，$t = -5$。

可以利用这个性质推导模数为合数 N 时的倒数求解问题。当某个小于 N 的正整数 a 与 N 互质时，最大公约数 $c = 1$。根据最大公约数的上述性质，可以知道一定存在两个整数 s 和 t，使得：

$$1 = s \cdot a + t \cdot N$$

现在要考虑的是模数为 N 的情况，对上述等式的两边同时取模，得到：

$$s \cdot a + t \cdot N \equiv 1 \,(mod\, N)$$

注意模 N 实际上是在求某个正整数除以 N 后的余数，而 $t \cdot N$ 除以 N 的余数一定等于 0，因此上述等式可以进一步化简为：

$$s \cdot a \equiv 1 \,(mod\, N)$$

大家一定都还记得前文中提过的倒数的定义：找一个正整数 a^{-1}，使得 $a \times a^{-1} \equiv 1$ $(mod\, N)$。对比上述等式，咦？需要求解的 a^{-1} 不就是 s 吗！反之，如果 a 与 N 不互质，则无法找到两个整数 s 和 t，使得 $s \cdot a + t \cdot N = 1$，也就无法找到一个整数 s，满足 $s \cdot a \equiv 1 \,(mod\, N)$ 了。总之，根据最大公约数的特性，可以推导出如下结论：对于任意正整数 $a < N$，只有当 a 与 N 互质时，才能在模 N 下找到 a^{-1}。同时，可以应用欧几里得计算方法，快速找到模 N 下的 a^{-1}。

下面来看个有意思的问题：在小于 N 的所有正整数中，与 N 互质的正整数有多少个。当 $N = 10$ 时，一共有 1、3、7、9 这四个正整数满足条件。实际上，当 $N = p \times q$，其中 p 和 q 为质数时，满足条件的正整数共有 $(p-1) \times (q-1)$ 个。仍然以 $N = 10$ 为例，由于 $10 = 2 \times 5$，2 和 5 都为质数，因此满足条件的正整数应该有 $(2-1) \times (5-1) = 4$ 个，和验证得到的结果是一致的。如果 N 有更多的质数因子，计算过程会变得稍微复杂一些。一般把满足小于 N，且与 N 互质的数总个数用一个函数 $\varphi(N)$ 来表示。这个函数叫作欧拉函数（Euler Function）。没错，这个欧拉就是给哥德巴赫写回信的那个欧拉。

与模数 N 互质的正整数 a 都能找到 a^{-1}，那么这些正整数是不是还有什么其他有趣的性质呢？第一个性质是，存在倒数的正整数在模数为 N 下互相之间进行乘法运算，则运算结果仍然存在倒数。一般来说，如果一些数相互之间进行运算后，结果没有超出这些数的范围，则称这些数在此运算下具有封闭性（Closure）。列举一下模数为 $N = 10$ 的情况。与 $N = 10$ 互质的正整数为 1、3、7、9。它们互相之间的乘法运算结果如表 3.9 所示。

表 3.9　模数为 10 时，1、3、7、9 的乘法运算结果

	1	3	7	9
1	$1 \times 1 \equiv 1 \ (mod \ 10)$	$1 \times 3 \equiv 3 \ (mod \ 10)$	$1 \times 7 \equiv 7 \ (mod \ 10)$	$1 \times 9 \equiv 9 \ (mod \ 10)$
3	$3 \times 1 \equiv 3 \ (mod \ 10)$	$3 \times 3 \equiv 9 \ (mod \ 10)$	$3 \times 7 \equiv 1 \ (mod \ 10)$	$3 \times 9 \equiv 7 \ (mod \ 10)$
7	$7 \times 1 \equiv 7 \ (mod \ 10)$	$7 \times 3 \equiv 1 \ (mod \ 10)$	$7 \times 7 \equiv 9 \ (mod \ 10)$	$7 \times 9 \equiv 3 \ (mod \ 10)$
9	$9 \times 1 \equiv 9 \ (mod \ 10)$	$9 \times 3 \equiv 7 \ (mod \ 10)$	$9 \times 7 \equiv 3 \ (mod \ 10)$	$9 \times 9 \equiv 1 \ (mod \ 10)$

　　从结果可以看出，对于模 10 条件下存在倒数的 1、3、7、9，它们互相之间进行乘法运算，结果仍然在 1、3、7、9 之中。

　　如果对 1、3、7、9 求幂，便会发现第二个更有趣的性质。试试在模 $N = 10$ 的条件下，计算这些正整数的幂，结果如表 3.10 所示。

表 3.10　模数为 10 时，1、3、7、9 的幂运算结果

a	1	3	7	9
a^0	$1^0 \equiv 1 \ (mod \ 10)$	$3^0 \equiv 1 \ (mod \ 10)$	$7^0 \equiv 1 \ (mod \ 10)$	$9^0 \equiv 1 \ (mod \ 10)$
a^1	$1^1 \equiv 1 \ (mod \ 10)$	$3^1 \equiv 3 \ (mod \ 10)$	$7^1 \equiv 7 \ (mod \ 10)$	$9^1 \equiv 9 \ (mod \ 10)$
a^2	$1^2 \equiv 1 \ (mod \ 10)$	$3^2 \equiv 9 \ (mod \ 10)$	$7^2 \equiv 9 \ (mod \ 10)$	$9^2 \equiv 1 \ (mod \ 10)$
a^3	$1^3 \equiv 1 \ (mod \ 10)$	$3^3 \equiv 7 \ (mod \ 10)$	$7^3 \equiv 3 \ (mod \ 10)$	$9^3 \equiv 9 \ (mod \ 10)$
a^4	$1^4 \equiv 1 \ (mod \ 10)$	$3^4 \equiv 1 \ (mod \ 10)$	$7^4 \equiv 1 \ (mod \ 10)$	$9^4 \equiv 1 \ (mod \ 10)$

　　首先可以观察到一个直观的现象：对于 $a = 1$、3、7、9，都有 $a^4 \equiv 1 \ (mod \ 10)$。4 这个数怎么这么眼熟呢？对了，4 就是存在倒数的正整数的个数呀！事实上，在模 N 条件下，对所有存在倒数的数求 $\varphi(N)$ 的幂，结果都为 1。

　　更有意思的是，对于 3 和 7 来说，虽然得到的顺序不太一样，但是 a^0、a^1、a^2、a^3 的结果分别对应 1、3、7、9 中的一个，到 a^4 又循环回了 1。模 N 条件下，在存在倒数的正整数中一定能找到一个正整数 g，使得 g^0，g^1，…，$g^{\varphi(n)-1}$ 分别对应所有存在倒数的正整数中的某一个。乍看起来，g 好像把所有这些数都"生成"了一遍。因此，数学上把满足这种条件的正整数称为生成元（Generator）。

　　利用生成元的这个性质很容易可以证明封闭性。并且由于模 N 条件下，在

存在倒数的正整数中一定能找到一个生成元 g，因此可以用 g^0，g^1，$\cdots$，$g^{\varphi(n)-1}$ 表示所有存在倒数的正整数。例如，在模数为 $N = 10$ 的条件下，3 是一个生成元，可以依次把 1、3、7、9 表示为 3^0、3^1、3^3、3^2。对任意两个存在倒数的正整数执行乘法运算，相当于首先把这两个数表示为 g^i、g^j，再执行乘法运算，结果为 $g^i \cdot g^j = g^{i+j}$。根据生成元的性质，g^{i+j} 也一定是某个存在倒数的正整数。综上，可以利用生成元的性质得出如下结论：存在倒数的正整数在模数为 N 的条件下互相之间执行乘法运算，运算结果仍然是存在倒数的正整数。

3.3.4 模数为 p 的同余算数：规整了很多

模数为合数 N 下的同余算数之所以比较复杂，核心问题在于小于 N 的正整数中，仅有一部分正整数与 N 互质，而只有这一部分正整数具有一些有趣的性质。由于质数 p 与所有小于 p 的正整数都互质，如果把模数设置为质数 p，是不是就能将那些有趣的性质推广到所有小于 p 的正整数身上了呢？当模数为质数 p 时，可以参与运算的正整数为 1，2，$\cdots$，$p - 1$，再加上 0，一共有 p 个。我们下面用与 $N = 10$ 最近的质数 $p = 11$ 演示相关的性质。

仍然要分别处理减法和负数、除法和倒数的问题。先来看看减法和负数的问题。模数为质数 p 的条件下，对于小于 p 的正整数 a，哪个正整数与 a 相加的结果等于 0 呢？同样是 $p - a$。例如，$p = 11$ 时，每个小于 11 的正整数所对应的负数如表 3.11 所示。

表 3.11 模数为 11 时，每个小于 11 的正整数所对应的负数

a	0	1	2	3	4	5	6	7	8	9	10
$-a$	0	10	9	8	7	6	5	4	3	2	1

再来看看除法和倒数的问题。由于所有小于 p 的整数都与 p 互质，因此对于所有小于 p 的正整数 a，都能找到与 a 对应的 a^{-1} 了。模数为质数 p 时的

欧拉函数也非常简单：$\varphi(p) = p - 1$。例如，$p = 11$ 时，a^{-1} 的结果如表 3.12 所示。

表 3.12　模数为 11 时，每个小于 11 的正整数所对应的倒数

a	1	2	3	4	5	6	7	8	9	10
a^{-1}	1	6	4	3	9	2	8	7	5	10

模数为质数 p 时依然可以找到生成元。例如，模数为质数 $p = 11$ 时。各正整数求幂的结果如表 3.13 所示。

表 3.13　模数为 11 时，每个小于 11 的正整数的幂运算结果

a	1	2	3	4	5	6	7	8	9	10
a^0	1	1	1	1	1	1	1	1	1	1
a^1	1	2	3	4	5	6	7	8	9	10
a^2	1	4	9	5	3	3	5	9	4	1
a^3	1	8	5	9	4	7	2	6	3	10
a^4	1	5	4	3	9	9	3	4	5	1
a^5	1	10	1	1	1	10	10	10	1	10
a^6	1	9	3	4	5	5	4	3	9	1
a^7	1	7	9	5	3	8	6	2	4	10
a^8	1	3	5	9	4	4	9	5	3	1
a^9	1	6	4	3	9	2	8	7	5	10
a^{10}	1	1	1	1	1	1	1	1	1	1

从计算结果可以看出，2、6、7、8 的幂运算结果可以把所有小于 11 的正整数"生成"一遍。因此，2、6、7、8 都是模数为质数 $p = 11$ 下的生成元。

3.3.5　看似简单却又如此困难：整数分解问题与离散对数问题

模数和同余运算的引入比较自然，其各种性质也不难理解。既然如此，为何很多人都说数论很难呢？下面就来看看与质数相关的两个非常重要的困难问题：

整数分解问题（Integer Factorization Problem）与离散对数问题（Discrete Logarithm Problem）。

数学家很早就意识到，质数是构造正整数的积木。一方面，如果哥德巴赫猜想成立，那么所有大于 2 的偶数都可以表示为两个质数的和；所有大于 5 的奇数都可以表示为三个质数的和。另一方面，还可以通过另一种方法用质数来表示正整数。这个方法描述起来似乎有点麻烦，但是证明比较简单，它叫作算术基本定理（Fundamental Theorem of Arithmetic）：每个大于 1 的正整数，其或为质数，或可唯一地写为两个或多个质数的乘积。

很容易理解这个定理，简单来说就是：每个正整数都可以分解成质数因子相乘的形式。来看几个例子：

- 100 是一个合数，可以写为：$100 = 2 \times 2 \times 5 \times 5 = 2^2 \times 5^2$；
- 999 是一个合数，可以写为：$999 = 3 \times 3 \times 3 \times 37 = 3^3 \times 37$；
- 1024 是一个合数，可以写为：$1024 = 2 \times 2 \times 2 \times 2 \times 2 \times 2 \times 2 \times 2 \times 2 \times 2 = 2^{10}$。

算术基本定理称，合数可以写为两个或多个质数的乘积形式。但是，该定理没有具体告知，如何把合数分解为质数的乘积形式。对于比较小的合数，可以尝试用合数除以各个正整数，观察是否能够整除来找到全部质因子。然而，如果合数太大，这种方法的效率就会变得非常低。这个问题就是一直困扰着数学家的困难问题——整数分解问题。

由于一直以来数学家都没能挖掘到任何整数分解问题能在实际中应用的潜质，所以他们也没有充足的动力去解决这一问题。不过，伴随着现代密码学的诞生以及公钥密码学的出现，特别是 R. 李维斯特（R. Rivest）、A. 沙米尔（A. Shamir）、L. 阿德尔曼（L. Adleman）应用整数分解问题构造历史上第一个公钥加密方案 RSA 之后[1]，整数分解问题荣登历史的舞台。

---

[1] 公钥密码学系统 RSA 的名称来源就是李维斯特、沙米尔、阿德尔曼三人名字首字母的缩写。RSA 方案的详细介绍参见 4.2 节。

　　为了确定人类可以在何种程度上解决整数分解问题，李维斯特、沙米尔、阿德尔曼组建的 RSA 实验室（RSA Laboratories）于 1991 年 3 月 18 日发起了一个名为 RSA 分解挑战（RSA Factoring Challenge）的项目，号召全世界的数学家和密码学家研究整数分解问题。他们的具体做法是：公开一系列不同长度的、由两个大质数相乘得到的合数，大家需要想方设法分解这些合数，得到它们的质因子。如果分解成功，RSA 实验室将会为成功分解的人员支付一笔数额不菲的奖金。这些合数因此被称为 RSA 数（RSA Number）。RSA 分解挑战具体为：对于每一个公开的 RSA 数 N，都存在质数 p 和 q，满足 $N = p \times q$。RSA 分解挑战要求挑战者在给定 N 的条件下，找到质数 p 和 q。

　　RSA 实验室所公开的合数由十进制表示，长短由 100 位至 617 位不等。一般把 100 位 RSA 数记为 RSA-100、把 110 位 RSA 数记为 RSA-110，以此类推。对于一些特定的、对于密码学安全性具有特殊意义的 RSA 数，数学家会用二进制长度对这些数进行编号，如 RSA-576、RSA-640、RSA-704、RSA-768、RSA-896、RSA-1024、RSA-1536 以及 RSA-2048。RSA-2048 是 RSA 实验室公开的最大 RSA 数：

$$
\begin{aligned}
\text{RSA-2048} = \ & 25195908475657893494027183324004839857142928212620403202777713783604366 2 \\
& 0207075955562640185258807844069182906412495150821892985591491761845028 0 \\
& 8489120072844992687392807287776735971418347270261896375014971824691165 0 \\
& 7761337985909570009733045974880842840179742910064245869181719511874612 1 \\
& 5151726546322822168699875491824224336372590851418654620435767984233871 8 \\
& 4774447920739934236584823824281198163815010674810451660377306056201619 6 \\
& 7625613384414360383390441495263443219011465754445417842402092461651572 3 \\
& 3507787077498171257724679629263863563732899121548314381678998850404453 6 \\
& 4023527381951378636564391212010397122822120720357
\end{aligned}
$$

　　成功分解 RSA-2048 所对应的奖金高达 20 万美元！RSA 分解挑战项目极大地激发了全世界研究者对于整数分解问题的探究。

1991 年 4 月 1 日，在挑战项目开始后短短两周内，便有人成功分解了 RSA–100。这位神人是荷兰数学家 A. 伦斯特拉（A. Lenstra）。当时他使用了一个主频为 2.2GHz 的 AMD 速龙 64 处理器，应用特殊的整数分解方法，花费了大约 4 小时的时间完成了 RSA–100 的整数分解。他因此获得了 1000 美元的奖金。现在，应用一个主频为 3.5GHz 的英特尔酷睿 Ⅱ 四核处理器 Q9300，仅需 72 分钟就可以完成 RSA–100 的整数分解。RSA–100 的整数分解结果为：

$$
\begin{aligned}
\text{RSA--100} \quad = \quad & 15226050279225333605356183781326374297180681149613 \\
& 8068865790849458012296325895289765400035069200 6139 \\
= \quad & 37975227936943673922808872755445627854565536638199 \\
\times \quad & 40094690950920881030683735292761468389214899724061
\end{aligned}
$$

RSA–100 成功分解一年后的 1992 年 4 月 14 日，伦斯特拉和美国数学家 M. 马塞纳（M. Manasse）分解出了第二个 RSA 数：RSA–110，奖金约为 4000 美元。整个分解过程大约花费了 1 个月的时间。现在，同样应用一个主频为 3.5GHz 的英特尔酷睿 Ⅱ 四核处理器 Q9300，大约需要花费 4 小时的时间便可完成 RSA–110 的整数分解，其结果为：

$$
\begin{aligned}
\text{RSA--110} \quad = \quad & 35794234179725868774991807832568455403003778024228 22619 \\
& 35329081904846702523646774115135161112045040603175 68667 \\
= \quad & 6122421090493547576937037317561418841225758554253106999 \\
\times \quad & 5846418214406154678836553182979162384198610505601062333
\end{aligned}
$$

2005 年，德国数学家 J. 弗兰克（J. Franke）等人成功分解了 RSA–640，获得了 20 000 美元的奖金。弗兰克等人使用了 80 个主频为 2.2GHz 的 AMD 皓龙处理器，大约花费了五个月的时间才完成了 RSA–640 的整数分解，其结果为：

$$
\begin{aligned}
\text{RSA--640} \quad = \quad & 31074182404900437213507500358885679300373460228427275457 \\
& 20161948823206440518081504556346829671723286782437916272 \\
& 83803341547107310850191954852900733772482278352574238645 \\
& 40146917366024776523466 09
\end{aligned}
$$

$$= \quad 163473364580925384844313388386509085984178367003309231218111085238933310010450815121211816751157 9$$

$$\times \quad 190087128166482211312685157393541397547189678996851549366663853908802710380210449895719126146557 1$$

由于人类对于密码学理解的不断深入，RSA 实验室认为没有必要继续进行 RSA 分解挑战项目了。因此，RSA 分解挑战项目于 2007 年终止。然而，全世界的数学家和密码学家至今还在致力于解决 RSA 分解挑战。截至 2020 年 10 月，被分解的最大 RSA 数为法国数学家 F. 布多（F. Boudot）等人于 2020 年 2 月 28 日成功分解的 RSA-250，其结果为：

$$\text{RSA-250} \quad = \quad 2140324650240744961264423072839333563008614715144755017797754920881418023447140136643345519095804679 6109928518724709145876873962619215573630474547705208051190564931066876915900197594056934574522305893 259766974716817380693648946998715784949759374979 37$$

$$= \quad 6413528947707158027879019017057738908482501474294344720811685963202453234463023862359875266834770873 766192558569463979885336 7$$

$$\times \quad 3337202759497815655622601060535511422794076034476755466678452098702384172921003708025744867329688187 7565718986258036932062711$$

另一个困难问题理解起来就不像整数分解问题那样直观了。前文讲到，在与模数 N 互质且小于 N 的所有正整数中，都存在生成元 g，使得 g^0，g^1，…，$g^{\varphi(N)-1}$ 会把所有与 N 互质且小于 N 的所有正整数"生成"一遍。在模 N 条件下，给定生成元 g 和某个小于 $\varphi(N)$ 的正整数 a，可以通过一个称为同余幂（Congruence Algorithm）的计算方法快速得到 $b \equiv g^a \ (mod\ N)$。由于生成元的特殊性，数学家也知道对于任意一个与 N 互质且小于 N 的正整数 b，一定存在一个小于 $\varphi(N)$ 的正整数 a，使得 $b = g^a$。但是，如果计算一遍结果，就会发现得到的顺序并没有什么规律。例如，当 N 为质数 $p = 11$、$g = 2$ 时，计算结果如表 3.14 所示。感觉 $2^4 \equiv 5 \ (mod\ 11)$ 之后开始，对应结果的顺序毫无规律。

表 3.14　模数为 11，生成元为 2 时的幂运算结果

2^0	2^1	2^2	2^3	2^4	2^5	2^6	2^7	2^8	2^9	2^{10}
1	2	4	8	5	10	9	7	3	6	1

给定一个与 N 互质且小于 N 的正整数 b，是否存在一种计算方法，能快速得到一个小于 $\varphi(N)$ 的正整数 a，使得 $b \equiv g^a \pmod{N}$ 呢？这个问题和实数中的求对数的问题很像。如果没有模数 N，而是直接计算满足 $b = g^a$ 的 a，则可以使用计算机快速计算 $a = \log_g b$。然而，这个问题在模 N 的条件下就变得特别困难。这便是另一个困难问题——离散对数问题。

前文讲到，人类现在已经成功分解了十进制长度为 250 位的 RSA 数 RSA-250。离散对数问题有类似的记录。这里仅介绍模数为质数 p 的情况。2005 年6 月 18 日，密码学家 A. 乔克斯（A. Joux）和 R. 勒西埃（R. Lercier）宣布，他们应用了一个主频为 1.15GHz，具有 16 核处理器的惠普阿尔法服务器（HP AlphaServer），花费了三个星期的时间，计算得到了十进制 130 位强质数（Strong Prime）下某一个数的离散对数。2007 年 2 月 5 日，克莱恩宣布，他应用并行计算技术，通过多种计算机进行并行处理，最终得到了十进制 160 位安全质数（Secure Prime）下某一个数的离散对数。2014 年 6 月 11 日，数学家 C. 布维尔（C. Bouvier）等人解决了十进制 180 位安全质数下某一个数的离散对数问题。截至 2020 年 10 月，模数为质数 p 的离散对数问题计算最新进展于 2016 年 6 月 16日公布。克莱恩等人宣布，他们从 2015 年 2 月开始，经过一年零四个月的计算，应用了 6600 个主频为 2.2GHz 的英特尔至强 E5-2660 处理器，最终成功得到了十进制 232 位安全质数下某一个数的离散对数。注意，以上所有的成果都只是找到了某一个数的离散对数。要是求解所有数的离散对数，即便是使用现在最先进的计算机处理器，所花费的时间也将会是天文数字。

3.4　身份证号码中隐藏的数学玄机

我们介绍了那么多有关同余和模数的性质，那么这些性质有什么用呢？实际上，它们与大家的日常生活密不可分。每位中国公民的身份证号码就隐藏了同余和模数性质的应用。

自 1999 年以来，第二代身份证上每一位中国公民的身份证号码都是一个长度为 18 位的数字。有的读者朋友可能会发现，部分中国公民身份证号码的最后一位是一个特殊的字符 X。难道这些人有着什么特殊的身份吗？此外，在使用身份证号码办理银行业务或购买火车票和飞机票时，如果不小心把身份证号码填错了，即使还没有填写自己的姓名、性别等信息，相关计算机系统会立即提示身份证号码输入有误。直观上看，如果身份证号码填写错误，而且所填写的错误号码恰巧和另一位中国公民的身份证号码相同，那么在没填写其他信息的时候，计算机系统应该是无法得知身份证号码是否填错了的。难道说，短短的 18 位身份证号码中还隐藏了不为人知的秘密？下面将用同余和模数的性质来解释身份证号码中隐藏的秘密。

3.4.1　身份证号码的出生日期码扩展

在 1999 年以前，每一位中国公民的身份证号码的长度并不是 18 位，而是 15 位。相关标准由 GB11643–1989《社会保障号码》所规定。15 位身份证号码的排列顺序从左至右依次为：6 位数字地址码、6 位数字出生日期码以及 3 位数字顺序码：

- 6 位地址码：表示这位中国公民常住户口所在县（市、旗、区）的行政区域代码。这个行政区域代码有国家标准 GB/T 2260 所规定。例如，北京市朝阳区的地址码为 110105，其中 11 代表北京市、01 代表市辖区、05 代表朝阳区；广东省汕头市潮阳县的地址码位 440524，其中 44 代表广东省、05 代表汕头市、24 代表潮阳县。

- 6 位出生日期码：表示这位中国公民出生的年、月、日。例如，1949 年 12 月 31 日出生的中国公民对应的 6 位出生日期码为 491231；1980 年 1 月 1 日出生的中国公民对应的 6 位出生日期码为 800101。
- 3 位数字顺序码：表示在同一 6 位地址码所标识的区域范围内，对同年、同月、同日出生的人编定的顺序号，奇数顺序码分配给男性，偶数顺序码分配给女性。例如，北京市朝阳区 1949 年 12 月 31 日所出生的第 2 位女性公民，其 3 位数字顺序码为 002；广东省汕头市潮阳县 1980 年 1 月 1 日出生的第 1 位男性公民，其 3 位数字顺序码为 001。

在 1999 年以前，每一位中国公民都可以通过这种规则拥有一个独一无二的身份证号码。而且，通过身份证号码可以得到很多个人信息。例如，当看到某位公民的身份证号码为 110105491231002 时，该身份证号码表示的具体含义如图 3.14 所示。

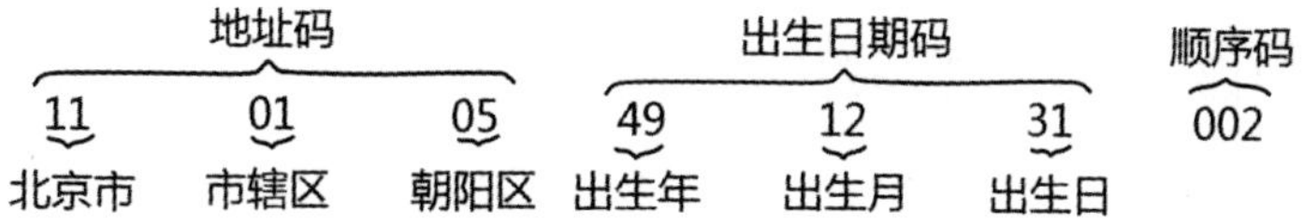

图 3.14　15 位身份证号码 110105491231002 的具体含义

可以知道，这是一位出生在北京市朝阳区，生日为 1949 年 12 月 31 日的女性，其中女性的判断依据为身份证末位 2 是偶数。

又如，当看到某位公民的身份证号码为 440524800101001 时，该身份证号码表示的具体含义如图 3.15 所示。可以知道，这是一位出生在广东省汕头市潮阳县，生日为 1980 年 1 月 1 日的男性，其中男性的判断依据为身份证末位 1 是奇数。

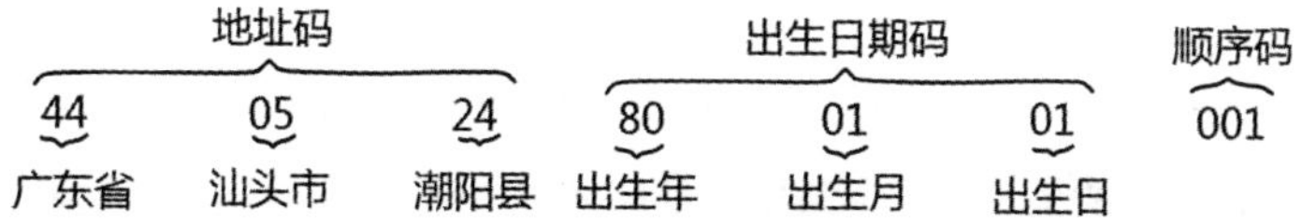

图 3.15　15 位身份证号码 440524800101001 的具体含义

然而，第二个例子中存在着这样一个问题：这位身份证号码为 440524800101001 的男性，其出生日期可以是 1880 年 1 月 1 日，但也可以是 1980 年 1 月 1 日。这个问题在 1999 年以前并不明显，因为除了百岁老人以外，几乎所有中国公民的出生日期都在 1900 年至 1999 年之间。因此，当看到出生日期码为 800101 时，人们会自然而然地认为这位中国公民的出生日期应该是 1980 年 1 月 1 日。

1999 年的下一年就是 21 世纪的元年：2000 年。如果仍然按照 GB11643–1989《社会保障号码》的标准，为 2000 年以后出生的公民分配身份证号码时，极有可能遇到身份证号码已被他人占用的情况。例如，同样是出生在北京市朝阳区的第二位女性公民，虽然两位女性公民的出生日期分别为 1901 年 1 月 1 日和 2001 年 1 月 1 日，但她们的身份证号码均应为 110105010101002。

预估到这一即将面对的问题，我国于 1999 年发布了 GB11643–1999《公民身份号码》标准，代替之前的 GB11643–1989《社会保障号码》。此标准明确要求，每一位中国公民都要获得一个唯一的、不变的法定身份证号码。而用 GB11643–1999《公民身份号码》标准生成的身份证号码，便是如今日常所使用的第二代身份证号码了。

与 GB11643–1989《社会保障号码》相比，GB11643–1999《公民身份号码》的最大改变是，出生日期码由之前的 6 位扩展为了 8 位。例如，1949 年 12 月 31 日出生的中国公民对应的出生日期码由之前 6 位的 491231 变为了 8 位的 19491231；1980 年 1 月 1 日出生的中国公民对应的出生日期码由之前 6 位的 800101 变为了 8 位的 19800101。通过扩展出生日期码的长度，我们解决了 2000 年后身份证号码会出现重复的问题。

3.4.2 身份证号码的校验方法

要知道，修改十几亿中国公民的身份证号码是一项声势浩大的工程。既然准备修改身份证号码的标准，就应该尽可能多地解决身份证号码使用过程中的问题。那么，在身份证号码的使用过程中，还有哪些潜在的问题呢？事实上，无论我们如何认真仔细地填写自己的身份证号码，都难免会出现填写错误的情况。能否在新的身份证号码标准中，实现快速检测填写错误的功能呢？18 位身份证号码的最后一位就是用于快速检测出身份证号码是否填错的关键，最后一位也被称为身份证校验码。

GB11643-1999《公民身份号码》中规定，身份证校验码采用一个叫作"MOD11-2"的校验方法。"MOD"就是 3.3 节介绍的模运算，"11"是指模数为 11，"2"是指所使用的生成元是 2。"MOD11-2"校验方法该如何使用，其背后的数学原理又是什么呢？

GB11643-1999《公民身份号码》中规定，公民身份证号码中各个位置上的号码字符值应满足下列公式的校验：

$$\sum_{i=1}^{18} \left(a_i \times W_i \right) \equiv 1 \ (mod \ 11)$$

其中：

· i 表示号码字符从右至左包括校验码字符在内的位置序号；

· a_i 表示第 i 位的号码字符值；

· w_i 表示第 i 位的加权因子，其数值根据公式 $W_i \equiv 2^{(i-1)} \ (mod \ 11)$ 计算得出。表 3.15 列出了公民身份证号码中各个位的加权因子 W_i。

表 3.15　公民身份证号码中各个位的加权因子 W_i

i	18	17	16	15	14	13	12	11	10	9	8	7	6	5	4	3	2	1
W_i	7	9	10	5	8	4	2	1	6	3	7	9	10	5	8	4	2	1

下面举一个具体的例子，看看当给定一个身份证号码时，具体的校验过程是什么。假定广东省汕头市潮阳县 1880 年 1 月 1 日出生的男性公民，其身份证号码为：

440524188001010014

实际上，这一 18 位身份证号码所表示的具体含义与 15 位身份证号码所表示的具体含义类似，如图 3.16 所示。

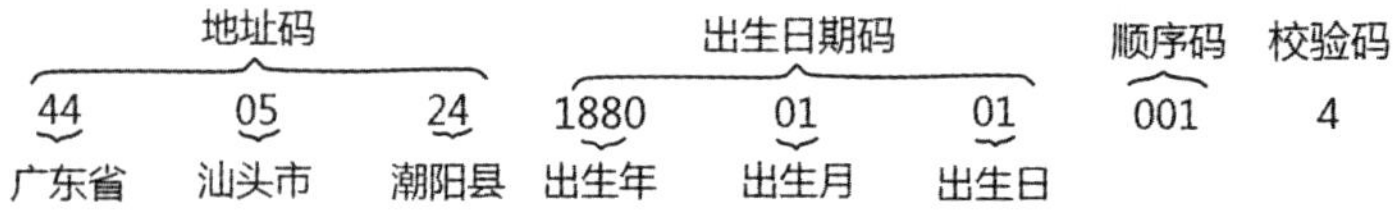

图 3.16　18 位身份证号码 440524188001010014 的具体含义

如何应用 GB11643-1999《公民身份号码》中给出的校验公式：

$$\sum_{i=1}^{18}\left(a_i \times W_i\right) \equiv 1\left(\bmod 11\right)$$

实现此身份证号码的校验呢？读者朋友可以按照 GB11643-1999《公民身份号码》标准中的描述，一步一步填写表 3.16，填写完毕后就能明白校验过程了。

表 3.16　公民身份证号码验证过程表

i	18	17	16	15	14	13	12	11	10	9	8	7	6	5	4	3	2	1
a_i																		
W_i																		
$a_i W_i$																		
$a_1 W_1 + a_2 W_2 + \cdots + a_{18} W_{18}\ (\bmod 11)$																		

首先，根据标准的描述，i 表示号码字符从右至左包括校验码字符在内的位置序号，而 a_i 表示第 i 位的号码字符值。号码字符从右至左依次为 4、1、0、0、1、0、1、0、0、8、8、1、4、2、5、0、4、4，因此 a_1 为从右至左第 1 位的号码字符值，即 $a_1 = 4$。类似地，$a_2 = 4$、$a_3 = 0$，直至 $a_{18} = 4$。将 a_1 到 a_{18} 的结果填写到表 3.16 中，如表 3.17 所示。

表 3.17　计算并填写公民身份证号码验证过程表的第二行

i	18	17	16	15	14	13	12	11	10	9	8	7	6	5	4	3	2	1
a_i	4	4	0	5	2	4	1	8	8	0	0	1	0	1	0	0	1	4
W_i																		
$a_i W_i$																		
$a_1 W_1 + a_2 W_2 + \cdots + a_{18} W_{18}\ (\bmod 11)$																		

随后，根据标准的描述，W_i 表示第 i 位的加权因子，而表 3.15 列出了公民身份证号码中各个位的加权因子 W_i。将 W_i 的结果填写到表 3.17 中，填写结果如表 3.18 所示。

表 3.18　计算并填写公民身份证号码验证过程表的第三行

i	18	17	16	15	14	13	12	11	10	9	8	7	6	5	4	3	2	1
a_i	4	4	0	5	2	4	1	8	8	0	0	1	0	1	0	0	1	4
W_i	7	9	10	5	8	4	2	1	6	3	7	9	10	5	8	4	2	1
a_iW_i																		
$a_1W_1+a_2W_2+\cdots+a_{18}W_{18}\,(mod\,11)$																		

现在需要计算这个最复杂的校验等式 $\sum_{i=1}^{18}(a_i\times W_i)\,(mod\,11)$，其意思是：依次计算每一个 $a_i\times W_i$，将所有结果求和，除以 11 求余数。为此，根据表 3.18 的结果依次沿着表格中的每一列分别计算 $a_1\times W_1$、$a_2\times W_2$ 等，一直到 $a_{18}\times W_{18}$，得到表 3.19。

表 3.19　计算并填写公民身份证号码验证过程表的第四行

i	18	17	16	15	14	13	12	11	10	9	8	7	6	5	4	3	2	1
a_i	4	4	0	5	2	4	1	8	8	0	0	1	0	1	0	0	1	4
W_i	7	9	10	5	8	4	2	1	6	3	7	9	10	5	8	4	2	1
a_iW_i	28	36	0	25	16	16	2	8	48	0	0	9	0	5	0	0	2	4
$a_1W_1+a_2W_2+\cdots+a_{18}W_{18}\,(mod\,11)$																		

最后，把 $a_i\times W_i$ 的所有结果加起来，除以 11 求余数，便完成了校验公式的计算。先把 $a_i\times W_i$ 的所有结果加起来，得到：

$$28+36+0+25+16+16+2+8+48+0+0+9+0+$$
$$5+0+0+2+4=199$$

将结果除以 11 并取余数，得到：

$$199=11\times18+1$$

余数为 1，将结果填写到表 3.19 中，最终得到表 3.20。

表 3.20　完成公民身份证号码验证过程表的填写

i	18	17	16	15	14	13	12	11	10	9	8	7	6	5	4	3	2	1
a_i	4	4	0	5	2	4	1	8	8	0	0	1	0	1	0	0	1	4
W_i	7	9	10	5	8	4	2	1	6	3	7	9	10	5	8	4	2	1
a_iW_i	28	36	0	25	16	16	2	8	48	0	0	9	0	5	0	0	2	4
$a_1W_1 + a_2W_2 + \cdots + a_{18}W_{18}\,(mod\,11)$							1											

可见，验证结果的确等于 1，满足 $\sum\limits_{i=1}^{18}(a_i \times W_i) \equiv 1\,(mod\,11)$，这是有效的身份证号码。

同样可以根据校验公式，把绝大多数 15 位的身份证号码扩展为 18 位的身份证号码。需要完成的工作就是根据客观规律和校验公式获取或计算缺失的 3 位身份证号码。例如，某公民的 15 位身份证号码为 110105491231002。先把 15 位身份证号码填写至表 3.16 中。除极个别情况外，这位公民一般是 1949 年出生的，将 1 和 9 填写在表格中对应的位置上。填写结果如表 3.21 所示。现在的目的是要计算这位公民的最后一位身份证号码，不妨将这一位设为 x。

表 3.21　求解身份证号码为 110105491231002 公民的 18 位身份证号码

i	18	17	16	15	14	13	12	11	10	9	8	7	6	5	4	3	2	1
a_i	1	1	0	1	0	5	1	9	4	9	1	2	3	1	0	0	2	x
W_i																		
a_iW_i																		
$a_1W_1 + a_2W_2 + \cdots + a_{18}W_{18}\,(mod\,11)$																		

与前面的步骤类似，将身份证号码每一位对应的加权因子填写在表 3.21 中。同时，分别计算 $a_1 \times W_1$、$a_2 \times W_2$ 等，将结果填写到表格中，得到表 3.22。

表 3.22　计算并填写公民身份证号码验证过程表的第三行和第四行

i	18	17	16	15	14	13	12	11	10	9	8	7	6	5	4	3	2	1
a_i	1	1	0	1	0	5	1	9	4	9	1	2	3	1	0	0	2	x
W_i	7	9	10	5	8	4	2	1	6	3	7	9	10	5	8	4	2	1
a_iW_i	7	9	0	5	0	20	2	9	24	27	7	18	30	5	0	0	4	x
$a_1W_1+a_2W_2+\cdots+a_{18}W_{18}\,(mod\,11)$																		

校验等式要求 $a_i \times W_i$ 的所有结果加起来再除以 11 的余数为 1。为此，先把 $a_i \times W_i$ 的所有结果加起来，得到：

$$7+9+0+6+0+20+2+9+24+27+7+18+$$

$$30+5+0+0+4+x=168+x$$

将结果除以 11，得到：

$$167+x=11 \times 15+2+x$$

也就是说，167 除以 11 的余数为 $2+x$。校验等式要求 $2+x$ 除以 11 的余数为 1，只有当 $x=10$ 时才能满足要求，也就是说这位公民的身份证号码验证码为 10。将结果填写在表 3.22 中，得到表 3.23。

表 3.23　完成身份证校验码的计算

i	18	17	16	15	14	13	12	11	10	9	8	7	6	5	4	3	2	1
a_i	1	1	0	1	0	5	1	9	4	9	1	2	3	1	0	0	2	10
W_i	7	9	10	5	8	4	2	1	6	3	7	9	10	5	8	4	2	1
a_iW_i	7	9	0	5	0	20	2	9	24	27	7	18	30	5	0	0	4	10
$a_1W_1+a_2W_2+\cdots+a_{18}W_{18}\,(mod\,11)$										1								

这里出现了一个问题，经过一系列复杂计算，最后得出这位公民新的身份证号有 19 位长。这样的情况并不是个例。总不能让大部分公民的身份证号码为 18 位，而这部分公民的身份证号码为 19 位吧？为了统一身份证号码的长度，GB11643 — 1999《公民身份号码》标准引入一个特殊的符号 X。也就是说，符号 X 表示这位公民身份证号码的验证位是 10，从而统一了身份证号码的长度。这就

是为什么有些人的身份证号码最后一位是 X 的原因。我们最终得到这位公民的身份证号码为 11010519491231002X。

3.4.3 身份证校验码所蕴含的数学原理

了解了身份证号码的校验公式后，我们也就明白了出现以 X 结尾的身份证号是模 11 造成的。为什么要把模数设置为 11 呢？设置成模 10，就不会出现以 X 结尾的身份证号码了吧，会不会让身份证号码更方便记忆和使用呢？

答案是否定的。选定 11 作为模数的其中一个重要原因是 11 是质数。倘若将模数设定为 10，则会大大削弱校验等式的功能。想要深入理解这个现象背后的原因，需要 3.3.4 节所介绍的模数为质数 p 的同余运算的性质。

实际上，身份证号码的校验公式具有如下性质：如果身份证号码的其中一位填写错误（包括最后一位校验码），则填错了的身份证号码一定不能通过身份证号码校验公式的验证。仍然以身份证号码 440524188001010014 为例。如果这位公民在填写身份证号码时，不小心把身份证号码的倒数第二位的 1 错填成了 6，在模 11 的条件下，表 3.20 就会变成表 3.24。先前，身份证号码倒数第二位对应的 $a_2 \times W_2$ 为 $1 \times 2 = 2$，而现在则变成了 $6 \times 2 = 12$。同时，校验等式的求和结果也会从之前的：

$$28 + 36 + 0 + 25 + 16 + 16 + 2 + 8 + 48 + 0 + 0 +$$
$$9 + 0 + 5 + 0 + 0 + 2 + 4 = 199$$

变成了现在的：

$$28 + 36 + 50 + 25 + 16 + 16 + 2 + 8 + 48 + 0 + 0 +$$
$$9 + 0 + 5 + 0 + 0 + 12 + 4 = 209$$

除以 11 的余数也就从之前的 $199 = 11 \times 18 + 1$ 变成了现在的 $249 = 11 \times 19 + 0$，不满足余数等于 1 的要求，校验等式不成立。实际上，应用模数为质数 p 的同余运算性质可知：当模数为质数 11 时，任意一位身份证号码填错，都将导致校验等式的结果发生变化。

表 3.24　公民错误地填写了身份证号码的最后一位

i	18	17	16	15	14	13	12	11	10	9	8	7	6	5	4	3	2	1
a_i	4	4	0	5	2	4	1	8	8	0	0	1	0	1	0	0	6	4
W_i	7	9	10	5	8	4	2	1	6	3	7	9	10	5	8	4	2	1
a_iW_i	28	36	0	25	16	16	2	8	48	0	0	9	0	5	0	0	12	4
$a_1W_1+a_2W_2+\cdots+a_{18}W_{18}\,(mod\,11)$	7																	

如果把模数换成 10，观察校验等式的求和结果：

$$28 + 36 + 0 + 25 + 16 + 16 + 2 + 8 + 48 + 0 +$$
$$0 + 9 + 0 + 5 + 0 + 0 + 2 + 4 = 199$$
$$28 + 36 + 50 + 25 + 16 + 16 + 2 + 8 + 48 + 0 +$$
$$0 + 9 + 0 + 5 + 0 + 0 + 12 + 4 = 209$$

而 199 和 209 除以 10 的余数均为 9。也就是说，虽然身份证号码倒数第二位的 1 被错误地填写成了 6，但求和结果除以 10 的余数保持不变，仍然等于 9，验证公式仍然成立。此时便无法判断身份证号码究竟是否填错了。实际上，当某一位的加权因子为 2 时，如果：

· 把 1 错误地填成了 6，或把 6 错误地填成了 1；

· 把 2 错误地填成了 7，或把 7 错误地填成了 2；

· 把 3 错误地填成了 8，或把 8 错误地填成了 3；

· 把 4 错误地填成了 9，或把 9 错误地填成了 4；

· 把 5 错误地填成了 0，或把 0 错误地填成了 5。

则模 10 下的身份证号码验证公式都无法检测出错误，校验公式的检错功能将会被大大削弱。

可以证明，只有将加权因子设置为与模数 10 互质的整数 1、3、7、9，才能避免上述情况的发生，从而使模数为 10 的校验等式同样可以验证出身份证号码中的一位错误。

如果不小心填错了两位以上的身份证号码，校验公式还能发挥其强大的检错功能吗？可以证明，当模数为质数11时，如果身份证号码有两位以上填写错误（包括最后一位校验码），则填错了的身份证号码只有约10%的概率能够通过身份证号码校验公式的验证。也就是说，此时身份证号码校验公式可以检测出约90%的填写错误情况。如果模数为合数10，则填错了的身份证号码通过校验公式验证的概率会大大提高。

3.4.4 有关身份证号码的扩展问题

身份证号码中包含了公民的出生地、生日及性别等个人隐私信息。因此，可以认为身份证号码是敏感信息。在条件允许的情况下，应该尽可能避免公开使用公民的身份证号码。

然而，不少电视节目的抽奖环节都通过公布获奖观众的身份证号码来告知获奖名单。不过，大多数平台都对这些身份证号码进行了一定的处理，如隐藏出生年份等。但是，如果仅隐藏出生年份，例如公布获奖观众的身份证号码为110105????1231002X。这样隐藏能够达到保护私人身份信息的目的吗？别有用心的攻击者是否能够通过所公开的部分身份证号码，推断出此获奖观众的出生年份呢？

事实上，如果完全理解身份证号码校验等式所蕴含的数学原理，很容易就可以得出下面的结论：假定身份证号码为110105????1231002X的获奖观众年龄不超过60岁，则她一定为出生在北京市朝阳区的女性，且身份证号码只可能是下述五种情况中的一种：

· 11010519571231002X

· 11010519651231002X

· 11010519731231002X

· 11010519811231002X

· 11010520011231002X

读者朋友们能根据身份证号码验证公式得到上述结论吗？如果获奖观众的身

份证号码仅能隐藏四位，那么隐藏哪四位会更安全呢？

本章介绍了数论中的一些基本概念和基本知识，并围绕质数的性质展开了诸多讨论。著名数学科普作家 Matrix67 在果壳网上列举了很多有意思的质数。在美剧《生活大爆炸》（*The Big Bang Theory*）中，主人公谢尔顿·库珀（Sheldon Cooper）也曾提到过一个特别的质数：73。73 是第 21 个质数，而 37 恰好又是第 12 个质数。同时，21 恰好等于 3 乘以 7。把 73 转换成为二进制后可以得到一个对称的比特串 1001001。一般把圆周率 π 中前 n 位组成的质数称为 π 质数。前三个 π 质数是 3、31、314159。第四个 π 质数可就复杂了：3141592653589793 2384626433832795028841。有 π 质数，自然也就有 e 质数。前三个 e 质数是 2、271、2718281。第四个 e 质数却大得可怕。还有时钟质数、易损质数、泰塔尼克质数、俄罗斯套娃质数等很多有意思的质数。质数中蕴含了丰富的数学知识，等待着数学家们去挖掘、去探索。

本章中对于数论基础知识的讲解参考了 H. 肯尼思（H. Kenneth）所著的《离散数学及其应用（原书第五版）》，覃中平、张焕国等人所著的《信息安全数学基础》以及刘建伟、王育民所著的《网络安全——技术与实践（第 2 版）》中的相关内容。

如果想进一步了解张益唐对孪生质数猜想所做的贡献，可参考网友王若度在果壳网上发表的博文《孪生质数猜想，张益唐究竟做了一个什么研究？》。德裔美国独立电影制作人 G. 齐哲瑞（G. Csicsery）拍摄了张益唐的纪录片《大海捞针：张益唐与孪生质数猜想》（*Counting from Infinity: Yitang Zhang and the Twin Prime Conjecture*）。感兴趣的读者朋友可以通过这部纪录片，了解张益唐研究工作背后的点点滴滴。有关梅森质数的历史，可参考网友异调在果壳网上发表的博文《互联网梅森质数大搜索》。

04

+ + + + +

"你说你能破，你行你上啊"

安全密码:
守护数据的科学方法

计算机科学家与密码学家跟从着图灵的脚步，在图灵机与计算复杂性理论的基础上建立起了现代密码学，用科学的方法考察密码的安全性。1977 年，IBM 公司在美国国家安全局的资助下，用科学的方法设计并公布了一种新的加密标准：数据加密标准（Data Encryption Standard，DES）。DES 的安全性极高，至今密码学家未能从理论上找到破解 DES 的方法。1998 年，由于 DES 的密钥长度已经不太够用，密码学家提出了一系列替代 DES 密码的新型密码。2000 年 10 月 2 日，经历了三年多的层层筛选与严格测评，美国国家标准和技术协会（National Institution of Standards and Technology, NIST）终于宣布，将比利时密码学家 J. 德门（J. Daemen）和 V. 赖伊曼（V. Rijmen）共同设计的 Rijndael 加密方案设立为新的加密标准，并命名为高级加密标准（Advanced Encryption Standard，AES）。截至目前，密码学家还没有发现 AES 中的任何缺陷，它仍然被认为是极为安全的加密方案。在这场密码设计与破解的永恒战争中，密码设计者使用科学的武器，终于取得了战争的胜利！

1960 年，美国国防部高等研究计划署（Advanced Research Projects Agency，ARPA）创建了 ARPA 网络，这一举动不经意间引发了技术进步。ARPA 网络一步一步最终发展成为如今人们生活工作中无处不在的互联网。互联网的出现真正丰富了人们的生活，让身处全球各地的人们可以随时轻松便捷地传输文字、语音、图像和视频等信息。然而，怎样保证互联网中信息传输的安全性成为一项新的挑战。一个看似合理的方法是在发送信息前对信息进行加密。然而，如果想要加密传输一段信息，则双方都需要预先知道一个相同的密钥，否则信息接收方也无法正确解密信息。在互联网环境下，双方如何得到相同的密钥呢？总不能让远在天边的两个人不远万里到某个固定的地点接头，互相交换密钥吧。密码学家需要设计一种方法，能让通信双方通过不安全的互联网协商出一个只有他们自己知道的相同密钥。为此，太阳微系统公司的首席安全官 W. 狄菲（W. Diffie）和斯坦福大学电气工程系教授 M. 赫尔曼（M. Hellman）于 1976 年了发表论文《密码学的新方向》（*New Directions in Cryptography*），正式提出了一种通过公开媒介安全协商密钥的方法，开创了密码学的新领域：公钥密码学（Public Key Cryptography）。1977 年，麻省理工学院的密码学家李维斯特、沙米尔和阿德尔曼共同发表论文《一种构建数字签名和公钥密码学系统的方法》（*A Method for Obtaining Digital Signatures and Public-Key Cryptosystems*），正式提出了公钥密码学系统。密码学家把这种方法以三位作者的名字首字母命名，称为 RSA。RSA 的出现真正使互联网上安全的信息传输成为可能。

本章将带领读者朋友走进现代密码学的大门，了解目前仍未被破解的诸多安全密码方案。首先要介绍的是现代密码学中的第一大分支：对称密码学（Symmetric Key Cryptography）。对称密码学中的加密体制可称为对称加密（Symmetric Key Encryption）。实际上，前文所介绍的所有加密方案都属于对称加密。在详细介绍对称加密前，本章会首先分析一个上帝也破解不了的一次一密（One-Time Pad）加密方案以及其所具备的完备保密性（Perfect Secrecy）。应用严谨的数学推导，可以证明在不知道密钥的条件下，即使是上帝也无法破解满足完备保密性的对称加密方案。接下来，本章将介绍除了上帝以外谁也无法破解的密码方案所具备的性质：计算安全性（Computational Security）。可以认为，理论上未被攻破的加密方案均满足计算安全性。了解完对称加密后，本章将介绍现代密码学的另一大分支：非对称密码学（Asymmetric Key Cryptography），也称公钥密码学（Public Key Cryptography）。这一分支不仅为现代密码学带来了非对称加密（Asymmetric Key Encryption），或称公钥加密（Public Key Encryption）的概念，还引入了很多全新的密码学概念，如数字签名（Digital Signature）等。本章将带领读者朋友回到 1976 年，了解在公钥密码学提出过程中，密码学家所经历的痛苦。

4.1 "谁来都没用，上帝也不行"：对称密码

4.1.1 对称密码的基本概念

现代密码学是一门科学，而科学总会涉及一些理论方面的描述。因此有必要引入一些定义和符号，以便大家更系统地理解现代密码学中的一些概念。

首先，用一个简单的例子来描述信息加密和信息解密的整个过程。信息发送方和信息接收方之间的信息传输过程可以形象地类比为双方互相发送密码保险箱。为了发送一段有意义的信息，信息发送方将信息写在纸条上，把纸条放置在保险箱中，用钥匙将保险箱锁住，最后把保险箱寄给信息接收方。在信息加密过程中，纸条上的信息等价于明文，保险箱等价于加密算法，用来锁保险箱的钥匙等价于加密密钥，锁好的保险箱等价于密文。当收到信息发送方寄来的保险箱后，信息接收方用钥匙打开保险箱，得到放置在内部的纸条，得到发送来的信息。在信息解密过程中，用来打开保险箱的钥匙就是解密密钥。

下面将用一些函数和符号来更严谨地描述信息加密和信息解密过程。在密码学中，经常用字母 m 表示明文，这里的 m 取自于明文对应英文 "Message" 的首字母。密文经常用 c 字母来表示，取自于密文对应英文 "Ciphertext" 的首字母。加密密钥一般用字母 ek 表示，取自于加密密钥对应英文 "Encryption Key" 的首字母。而解密密钥一般用字母 dk 表示，取自于解密密钥对应英文 "Decryption Key" 的首字母。

一般来说，并不是任意字符或符号都可以作为明文、密文或密钥的，需要对明文、密文和密钥的取值范围做出一些限制。例如，恺撒密码的明文和密文只能为英文字母，而密钥只能为一个英文字母。又如，维吉尼亚密码的明文、密文和

密钥都只能为英文字母。在现代密码学中，一般用符号 M 表示明文选取的范围，称为明文空间（Message Space）；用符号 C 表示密文选取的范围，称为密文空间（Ciphertext Space）；分别用符号 K_e 和 K_d 表示加密密钥和解密密钥选取的范围，称为加密密钥空间（Encryption Key Space）和解密密钥空间（Decryption Key Space）。

有了明文、密文和密钥的符号表示后，就可以用一系列函数来描述加密和解密过程了。不过在此之前，还需要引入一个重要的概念：算法（Algorithm）。在描述欧几里得法时，需要先给定一对待求解最大公约数的一对整数 a 和 b，再用步骤①至步骤④描述求解最大公约数的完整过程，根据过程一步步进行计算，得到最终的结果。科学上称可以计算或解决一个问题的一组明确的条件和步骤为解决这个问题的算法。待求解的问题为算法的输入（Input），求解的结果为算法的输出（Output）。通过描述输入、计算步骤、输出，便可以完整地定义一个算法了。我们在 3.2.4 节介绍过欧几里得算法。欧几里得算法的输入为两个正整数 a 和 b，计算步骤为步骤①至步骤④，输出为 a 和 b 的最大公约数。

实际上，加密和解密也是一个待解决的问题。加密要解决的问题是应用密钥把明文转换为密文，而解密要解决的问题是应用密钥把密文恢复为明文。在密码学中，一般用三个算法来描述一个完整的加密和解密过程：密钥生成（Key Generation）、加密（Encryption）和解密（Decryption）：

· 密钥生成算法的目的是从所有可能的备选密钥中选择出一个密钥。该算法的输入比较奇怪，是一个叫作安全常数（Security Parameter）的参数，用符号 λ 表示。安全常数是一个正整数，用来表示破解这个加密方案的难度。这个概念理解起来有一定难度，使用时把它当作一个默认参数即可。密钥生成算法的输出是加密密钥和解密密钥。因此，可以用函数 $(ek, dk) \leftarrow KeyGen(\lambda)$ 表示密钥生成算法，其中 $ek \in K_e$、$dk \in K_d$，算法名称 KeyGen 为英语中"密钥生成"一词"Key Generation"的缩写。

· 信息加密算法理解起来就比较简单了。该算法的目的是要应用加密密钥，把明文转换为密文。信息加密算法的输入是加密密钥和明文，输出是密文。同样地，可以用函数 $c \leftarrow Encrypt(ek,m)$ 表示信息加密算法，其中 $ek \in K_e$、$m \in M$、$c \in C$，算法名称 Encrypt 正是英语中"加密"一词"Encryption"的动词形式。

· 信息解密算法理解起来也不难，其目的是要应用解密密钥，把密文转换为明文。信息解密算法的输入是解密密钥和密文，输出是明文。可以用函数 $m \leftarrow Decrypt(dk,c)$ 表示信息解密算法，其中 $dk \in K_d$、$c \in C$、$m \in M$，算法名称 Decrypt 正是英语中"解密"一词"Decryption"的动词形式。

我们再来看看对称加密的定义。可以用密码保险箱形象地类比对称加密。一般来说，不仅打开密码保险箱时需要使用钥匙，关闭时也需要使用相同的钥匙。而对称加密就类似于这种密码箱：加密密钥和解密密钥必须相同——开箱的钥匙必须一样。可以用图 4.1 简单描述对称加密。古典密码学中所有的加密方案都属于对称加密。例如，维吉尼亚密码中，信息发送方和信息接收方分别需要使用同一个英文单词或语句对信息进行加密和解密，否则解密出的明文会与原始明文不一致。又如，恩尼格玛机中，信息发送方和信息接收方需要按照相同的方法设置恩尼格玛机，否则信息接收方解密得到的明文很可能是一段无意义的乱码。

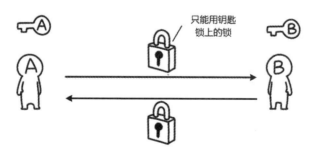

图 4.1　对称密码学简析

只需要对前文中的算法描述进行简单的修改，就可以用密钥生成、信息加密和信息解密这三个算法来描述对称加密。对称加密中，加密密钥空间和解密密钥空间相同，因此统一用密钥空间（Key Space）K 来描述，其符号表示为：$K_e = K_d = K$。同时，加密密钥和解密密钥也是相同的，统一用密钥 key 来描述，其符号表示为：$ek = dk = key \in K$。由此便可得到对称密钥的形式化定义：

- $key \leftarrow KeyGen\ (\lambda)$。以安全常数 λ 作为输入，输出密钥 $key \in K$。
- $c \leftarrow Encrypt\ (key,m)$。以密钥 $key \in K$ 和明文 $m \in M$ 作为输入，输出明文在密钥下加密生成的密文 $c \in C$。
- $m \leftarrow Decrypt\ (key,c)$。以密钥 $key \in K$ 和密文 $c \in C$ 作为输入，输出密文在密钥下解密得到的明文 $m \in M$。

4.1.2 避免密钥重复使用的另一种加密构想：滚动密钥

第二次世界大战结束前，密码学家设计出了多种密码算法，但无一例外地被破解。这迫使密码学家开始思考：导致密码被破解的本质原因是什么。通过严谨细致的分析，密码学家发现问题的症结为密钥的重复性使用问题。举例来说，恺撒密码被破解的本质原因是：所有明文字母都被向前或向后移动了相同的距离，这使得明文中包含的一些内在的规律从密文中显露了出来。维吉尼亚密码也是如此，其核心问题是固定长密钥的重复使用导致密文难以避免地体现出一定的规律性。

能否通过增加密钥长度的方式提高维吉尼亚密码的破解难度，使其变得更加安全呢？为此，密码学家提出了一个简单粗暴的方案：直接使用一本书作为密钥。如果所选择的书籍足够厚，那么用这本书就可以加密相当长的一段明文，而且可以保证密钥不会出现大段或者规律性的重复。这种加密方式称为滚动密钥密码（Running Key Cipher）。把这种方法应用到维吉尼亚密码上，所得到的加密方法即为滚动密钥维吉尼亚密码（Running Key Vigenère Cipher）。如果用形式化的语言来定义滚动密钥维吉尼亚密码，则密钥空间 K 为市面上所有的英文书，明

文空间 M 和密文空间 C 为一段比英文书字母总个数小的英文字母组合，密钥生成算法、信息加密算法、信息解密算法则分别为：

· $key \leftarrow KeyGen\,(\lambda)$：选择并输出一本英文书；

· $c \leftarrow Encrypt\,(key, m)$：与维吉尼亚密码加密过程相同；

· $m \leftarrow Decrypt\,(key, c)$：与维吉尼亚密码解密过程相同。

下面用一个例子来演示滚动密钥维吉尼亚密码的加密过程。明文为 begin the attack at dawn（黎明时分发起进攻），而密钥选择的是英国作家狄更斯所写成的长篇历史小说《双城记》（*A Tale of Two Cities*）的第一句话：IT WAS THE BEST OF TIMES, IT WAS THE WORST OF TIMES（这是最美好的时代，这是最糟糕的时代）。可以继续使用《双城记》后面的文本作为密钥，对更长的明文进行加密。这样使用密钥似乎可以弥补原始维吉尼亚密码的缺陷，从而使得密文更难被破解。

b	e	g	i	n		t	h	e		a	t	t	a	c	k		a	t		d	a	w	n
I	T	W	A	S		T	H	E		B	E	S	T	O	F		T	I		M	E	S	I
J	X	C	I	F		M	O	I		B	X	K	T	Q	P		T	B		P	E	O	V

由于密钥不会被重复使用，2.2.3 节所提到的巴贝奇破解法对滚动密钥维吉尼亚密码无能为力。即使使用 2.2.3 节所提到的、更为强力的卡斯基检测法，检测结果也只会显示：这一段维吉尼亚密码加密的密文所对应的密钥长度过长，无法破解。难道这样的密码就是安全的了吗？答案是否定的。滚动密钥维吉尼亚密码在 1918 年被美国陆军密码学家 W. 弗里德曼（W. Friedman）破解，其破解方法应用了数学中的概率论思想。下面就让我们来看看弗里德曼是如何破解滚动密钥维吉尼亚密码的。英语字母出现频率分布如表 4.1 所示，使用该表在破解过程中查找字母出现的频率。

表 4.1 英语字母频率分布表

字母	频率	字母	频率
A	0.08167	N	0.06749
B	0.01492	O	0.07507
C	0.02782	P	0.01929
D	0.04253	Q	0.00095
E	0.12702	R	0.05987
F	0.02228	S	0.06327
G	0.02015	T	0.09056
H	0.06094	U	0.02758
I	0.06966	V	0.00978
J	0.00153	W	0.02360
K	0.00772	X	0.00150
L	0.04025	Y	0.01974
M	0.02406	Z	0.00074

　　来思考一个很简单的问题。假定在密文中看到了一个字母 A，根据维吉尼亚密码的加密过程，可以知道密文字母 A 可能是由明文字母 a 在密钥字母 A 下加密得来的，也可能是由明文字母 b 在密钥字母 Z 下加密得来的，还可能是由明文字母 c 在密钥字母 Y 下加密得来的，还可能是明文字母 D 在密钥字母 X 下加密得来的，以此类推。那么，如果加密时所使用的滚动密钥是一本书，则上述哪种情况发生的概率最高呢？由于字母 A 在英文中出现的频率很高，远高于字母 B、Z、C、Y、D、X 出现的概率，因此密文字母 A 由明文字母 a 在密钥字母 A 下加密得来的概率最高。实际上，可以列举出当密文字母为 A 时，明文字母和密钥字母全部组合的可能，并根据表 4.1 计算出各种组合出现的概率。在计算过程中要特别注意，密文字母 A 可能是明文字母 b 在密钥字母 Z 下加密得来的，也可能是明文字母 z 在密钥字母 B 下加密得来的，因此 BZ 组合出现的概率要计算两次，CY、DX 等组合也有类似的情况。计算结果如表 4.2 所示。表 4.2 的右侧列举了

各种字母组合出现概率的排序。从表 4.2 可以看出，当看到密文字母 A 时，其最有可能是由 HT 组合得来的，而 AA 组合对应的概率排在第三位。

表 4.2　得到密文字母 A 时，明文字母和密钥字母组合出现的概率

组合	概率	排序
AA	$0.08167 \times 0.08167 \times 1 = 0.0066699889$	3
BZ	$0.01492 \times 0.00074 \times 2 = 0.0000220816$	13
CY	$0.02782 \times 0.01974 \times 2 = 0.0010983336$	9
DX	$0.04253 \times 0.00150 \times 2 = 0.0001275900$	12
EW	$0.12702 \times 0.02360 \times 2 = 0.0059953440$	4
FV	$0.02228 \times 0.00978 \times 2 = 0.0004357968$	10
GU	$0.02015 \times 0.02758 \times 2 = 0.0011114740$	8
HT	$0.06094 \times 0.09056 \times 2 = 0.0110374528$	1
IS	$0.06966 \times 0.06327 \times 2 = 0.0088147764$	2
JR	$0.00153 \times 0.05987 \times 2 = 0.0001832022$	11
KQ	$0.00772 \times 0.00095 \times 2 = 0.0000146680$	14
LP	$0.04025 \times 0.01929 \times 2 = 0.0015528450$	7
MO	$0.02406 \times 0.07507 \times 2 = 0.0036123684$	6
NN	$0.06749 \times 0.06749 \times 1 = 0.0045549001$	5

可以通过类似的方法，计算各个密文字母对应的明文字母和密钥字母组合出现概率。弗里德曼就是通过明文字母和密钥字母组合出现概率来破解滚动密钥维吉尼亚密码的。假定要破解的密文是：LAEKAHBWAGWIPTUKVSGB。从表 4.2 可以得到，第二个密文字母 A 对应的明文字母和密钥字母组合概率最高的五种组合为 HT、IS、AA、EW、NN。按照相同的方法，可以计算出各个密文字母对应的明文字母和密钥字母组合概率最高的五种组合。例如，经过计算可以得到，第一个密文字母 L 对应的明文字母和密钥字母组合概率最高的五种组合为 EH、ST、AL、DI、RU。

接下来的破解过程就有些烦琐了。对于每一个密文字母，把出现频率最高的

明文字母和密钥字母列举在一张表格中。已经知道，明文字母连起来应该是一段有意义的英文句子。而在滚动密钥维吉尼亚密码中，由于密钥也是从一本书中选取的，因此密钥字母连起来也应该是一段有意义的英文句子。因此，下面的目标就是尝试在这张表格中寻找到有意义的英文句子。虽然寻找过程比较漫长，但只要有耐心，花费足够的时间和精力后总能得出有意义的结果。表 4.3 给出了列举的表格，并着重标注出了查找结果。

表 4.3　在明文字母和密钥字母列表中寻找有意义的结果

密文	L	A	E	K	A	H	B	W	A	G	W	I	P	T	U	K	V	S	G	B
组合1 顺序	E	H	A	R	H	O	I	E	H	N	E	E	E	H	R	R	E	E	N	I
	H	T	E	T	T	T	T	S	T	T	S	E	L	M	D	T	R	O	T	T
组合2 顺序	S	I	N	D	I	D	N	I	I	O	I	A	H	I	D	D	I	A	O	N
	T	S	R	H	S	E	O	O	S	S	O	I	I	L	R	H	N	S	S	O
组合3 顺序	A	A	L	E	A	A	H	D	A	C	D	O	T	E	A	E	H	H	C	H
	L	A	T	G	A	H	U	T	A	E	T	U	W	P	U	G	O	L	E	U
组合4 顺序	D	E	I	S	E	N	A	A	E	A	A	R	C	F	C	S	D	F	A	A
	I	W	W	S	W	U	B	W	W	G	W	R	N	O	S	S	S	N	G	B
组合5 顺序	R	N	M	C	N	P	D	F	N	I	F	P	A	C	I	C	C	B	I	D
	U	N	S	I	N	S	Y	R	N	Y	R	T	P	R	M	I	T	R	Y	Y
组合1 逆序	H	T	E	T	T	T	T	S	T	T	S	E	L	M	D	T	R	O	T	T
	E	H	A	R	H	O	I	E	H	N	E	E	E	H	R	R	E	E	N	I
组合2 逆序	T	S	R	H	S	E	O	O	S	S	O	I	I	L	R	H	N	S	S	O
	S	I	N	D	I	D	N	I	I	O	I	A	H	I	D	D	I	A	O	N
组合3 逆序	L	A	T	G	A	H	U	T	A	E	T	U	W	P	U	G	O	L	E	U
	A	A	L	E	A	A	H	D	A	C	D	O	T	E	A	E	H	H	C	H
组合4 逆序	I	W	W	S	W	U	B	W	W	G	W	R	N	O	S	S	S	N	G	B
	D	E	I	S	E	N	A	A	E	A	A	R	C	F	C	S	D	F	A	A

续表

密文	L	A	E	K	A	H	B	W	A	G	W	I	P	T	U	K	V	S	G	B
组合5	U	N	S	I	N	S	Y	R	N	Y	R	T	P	R	M	I	T	R	Y	Y
逆序	R	N	M	C	N	P	D	F	N	I	F	P	A	C	I	C	C	B	I	D

根据两句话的意思，可以猜想表 4.3 上半部分所标注的英文句子为密钥，下半部分所标注的英文句子为明文。因此，明文为：start the attack at noon（中午发起进攻），密钥为 THE THOUSAND INJURIES O（百般迫害）。密钥来自美国小说家埃德加·爱伦·坡（Edgar Allan Poe）所撰写短篇小说《阿芒提拉多的酒桶》（*The Cask of Amontillado*）的第一句话：The thousand injuries of Fortunato I had borne as I best could（福吐纳托对我百般迫害，我都尽量忍在心头）。

4.1.3 一次一密：从看似不可破解到可证明不可破解

为什么即使滚动密钥维吉尼亚密码没有重复使用密钥，所加密的密文还是能够被破解呢？仔细分析弗里德曼的破解方法就会发现，虽然加密时没有重复使用密钥，但所使用的密钥仍然是有意义的英文句子，密钥字母本身仍会包含一定的隐性规律。弗里德曼正是应用了这一隐性规律来进行破解的。如何进一步优化滚动密钥维吉尼亚密码，使其能够抵挡弗里德曼所使用的统计学破解方法呢？既然要避免密钥本身包含一定的规律，何不用一长串完全随机的密钥来加密明文呢？这样一来，每一种密钥字母出现的可能都变为了 $\frac{1}{26}$。如果密钥足够长，且每一个密钥字母都是随机选取的，维吉尼亚密码会变得更安全吗？

在很长一段时间里，密码学家都没有找到可能的破解方法，认为这种方式的确会提高密码的安全性。虽然无法通过理论对其进行严格证明，但一些现象似乎支持了这一结论。考虑这样一个问题：假定信息发送方要应用维吉尼亚密码向信息接收方发送一段加密的信息，明文为：i love alice（我爱爱丽丝）。选择一个完全随机的密钥 U SNHQ LFIYU 来加密这段明文。应用维吉尼亚密码，可以得到加密结果为：C DBCU LNQAY。

明文	i		l	o	v	e		a	l	i	c	e
真实密钥	U		S	N	H	Q		L	F	I	Y	U
密文	C		D	B	C	U		L	N	Q	A	Y

　　如果密码破译者截获了这一段密文，并成功猜测出密钥，此密码破译者当然可以成功解密并恢复出明文。但是，仔细思考就会发现，密码破译者没有任何理由可以猜测出密钥是什么。如果密码破译者猜测密钥为 U WMYQ SJKYJ，那么密码破译者所恢复出的明文就变成了：i hate alice（我憎恨爱丽丝），意思甚至是完全相反的。

密文	C		D	B	C	U		L	N	Q	A	Y
猜测密钥	U		S	N	H	Q		S	J	K	Y	J
明文	i		h	a	t	e		a	l	i	c	e

　　如果密码破译者猜测密钥为 U SNHQ SJKYJ，那么密码破译者所恢复出的明文就变成了：i love susan（我爱苏珊）。虽然仍然是表达爱意，但是爱的对象搞错了。

密文	C		D	B	C	U		L	N	Q	A	Y
猜测密钥	U		W	M	Y	Q		L	F	I	Y	U
明文	i		l	o	v	e		s	u	s	a	n

　　实际上，任意一段包含 10 个字母的明文与密文 C DBCU LNQAY 一一对应，都会得到一个满足解密结果要求的密钥。如果密钥真的是随机选取的，从密码破译者的角度看，所有密钥都可能是真实的密钥。

　　1917 年至 1918 年，来自美国电话电报公司（American Telephone and Telegraph Company，AT&T）贝尔实验室（Bell Lab）的工程师 G. 弗纳姆（G. Vernam）和 J. 莫博涅（J. Mauborgne）设计了一个用随机密钥加密明文的加密算法。这个加密算法的原理非常简单：为每一位明文字母选择一个完全随机的密钥进行加密。这种加密算法被密码学家称为一次一密。莫博涅于 1915 年还创建了一段密文，如表 4.4 所示。这段密文至今的确无人能够破解。

表 4.4　莫博涅于 1915 年构造的密文，至今为止未被破解

PMVEB	DWXZA	XKKHQ	RNFMJ	VATAD	YRJON	FGRKD	TSVWF	TCRWC
RLKRW	ZCNBC	FCONW	FNOEZ	QLEJB	HUVLY	OPFIN	ZMHWC	RZULG
BGXLA	GLZCZ	GWXAH	RITNW	ZCQYR	KFWVL	CYGZE	NQRNI	JFEPS
RWCZV	TIZAQ	LVEYI	QVZMO	RWQHL	CBWZL	HBPEF	PROVE	ZFWGZ
RWLJG	RANKZ	ECVAW	TRLBW	URVSP	KXWFR	DOHAR	RSRJJ	NFJRT
AXIJU	RCRCP	EVPGR	ORAXA	EFIQV	QNIRV	CNMTE	LKHDC	RXISG
RGNLE	RAFXO	VBOBU	CUXGT	UEVBR	ZSZSO	RZIHE	FVWCN	OBPED
ZGRAN	IFIZD	MFZEZ	OVCJS	DPRJH	HVCRG	IPCIF	WHUKB	NHKTV
IVONS	TNADX	UNQDY	PERRB	PNSOR	ZCLRE	MLZKR	YZNMN	PJMQB
RMJZL	IKEFV	CDRRN	RHENC	TKAXZ	ESKDR	GZCXD	SQFGD	CXSTE
ZCZNI	GFHGN	ESUNR	LYKDA	AVAVX	QYVEQ	FMWET	ZODJY	RMLZJ
QOBQ								

一直以来，密码破译者直观上认为一次一密是不可破解的，但也一直无法从数学的角度严格对其进行证明。30 年后，信息论的创始人，美国数学家、密码学家香农在《贝尔系统技术学报》（*Bell System Technical Journal*）上发表了题目为《保密系统的通信理论》（Communication Theory of Secrecy Systems）的论文。在这篇论文中，香农应用概率论的方法，从数学角度严格证明了一次一密是无法被破解的。

为了描述香农所给出的结论，首先需要明确：什么叫作无法被破解的密码。我们来举个简单的例子。假定韩梅梅同学暗恋班上的另一位同学李雷。但是韩梅梅不知道李雷是不是也喜欢自己。站在韩梅梅的视角上，用符号 Pr（李雷喜欢韩梅梅）来表示"李雷喜欢韩梅梅"这个事件发生的概率。韩梅梅虽然不确定李雷是不是也喜欢自己，但是从种种日常表现上看，李雷似乎对自己还是有一些好感的，她估计李雷可能有 60% 左右的概率喜欢自己，即 Pr（李雷喜欢韩梅梅）= 60%。

突然有一天，韩梅梅收到了李雷发来的一段密文。"李雷是不是在跟我表白呀？"有了这样的想法，韩梅梅会先入为主地猜一猜：密文所对应的明文是不是"我爱你""我喜欢你""在一起"等字样？经过艰苦的破解，韩梅梅最终破解了李雷发来的密文，其对应的明文是 i love you。韩梅梅欣喜若狂地发现，李雷也是喜欢自己的！用另一个符号 Pr（李雷喜欢韩梅梅 | 韩梅梅看到了密文）来表示当韩梅梅看到李雷的密文后，"李雷喜欢韩梅梅"这个事件发生的概率。看到密文并成功破解后，韩梅梅明确知道李雷也是喜欢自己的，因此 Pr（李雷喜欢韩梅梅 | 韩梅梅看到了密文）＝ 100%。

虽然韩梅梅知道李雷喜欢自己是一件值得庆贺的事情，但对于密码学家来说，这可是一件很糟糕的事情。密码被破解了，李雷所发送的密文泄露了大量的信息，使得从韩梅梅的角度看，李雷喜欢韩梅梅的概率从 60% 一下上升到了 100%，这显然是一个不安全的密码。

什么情况下密码才是安全的呢？如果李雷发送给韩梅梅的密文极难破解，韩梅梅在看到密文后，无法得到任何有关"李雷喜欢韩梅梅"的信息。这种情况下，虽然李雷给韩梅梅发送了一段密文，但是这段密文可能是表白，也可能是发好人卡。韩梅梅只能认为李雷仍然只有 60% 的概率喜欢自己，即 Pr（李雷喜欢韩梅梅 | 韩梅梅看到了密文）＝ 60%。

香农认为，一个无法破解的密码系统也应该满足类似的条件。在收到密文之前，密码破译者可能对明文 m 的内容有一个直观的猜测，猜测其可能等于某一个目标明文 m_T，例如韩梅梅直观猜测明文 m 可能为"我喜欢你"。在收到密文 c 并尝试破解后，密码破译者会认为明文 $m = m_T$ 的概率变高、变低或者不变。如果密码破译者认为 $m = m_T$ 的概率变高了或者变低了，则都意味着密文泄露了有关明文的一些信息。例如，如果韩梅梅对密文进行破解，并成功得到了"爱""喜欢"等部分词语，认为明文为"我喜欢你"的概率提高了，密文 c 就泄露了有关明文的一些信息。反之，如果韩梅梅从密文中成功得到了"好人""离开"等部分词语，认为明文为"我喜欢你"的概率降低了，这也意味着密文 c 泄露了有关明文的一些信息。只有当密码破译者认为 $m = m_T$ 的概率不变时，才意味着密文没有泄露有关明文的任何信息。此时才能认为密文是安全的。用符号表示为，当

$$Pr\,(\,m = m_T | c\,) = Pr\,(\,m = m_T\,)$$

时，密文隐藏了明文的所有信息。

什么样的密码能满足 $Pr\,(\,m = m_T | c\,) = Pr\,(\,m = m_T\,)$ 这个条件呢？只有当任意两个明文 m、m 的加密结果有相同的概率等于密文 c 时，才能满足 $Pr\,(\,m = m_T | c\,) = Pr\,(\,m = m_T\,)$ 这个条件。例如，如果任意两个明文"我喜欢你" / "我讨厌你" "在一起" / "分手吧" "我爱你" / "好人卡"的加密结果有同等概率对应李雷发送给韩梅梅的密文，则韩梅梅在收到密文后，猜测李雷是否喜欢自己的概率就不会改变，密文就没有泄露有关明文的任何信息。严格来说，对于任意明文 m、m' 和任意密文 c，如果：

$$Pr\,[\,Encrypt\,(\,key, m\,) = c\,] = Pr\,[\,Encrypt\,(\,key, m'\,) = c\,]$$

则密文不会泄露有关明文的任何信息，加密结果是安全的。

香农在论文《保密系统的通信理论》中，应用概率论严格描述了不可破解密码的定义，这个定义被称为密码的完备保密性。同样应用概率论，香农在论文中还严格证明了一次一密满足完备保密性。

我们来看看一次一密的形式化定义，并证明其满足完备保密性。固定一个整数 $l > 0$，明文空间 M、密钥空间 K、密文空间 C 均为长度 l 为位的比特串。在计算机理论中，一般用符号 $\{0, 1\}^l$ 表示长度为 l 的比特串。因此，$K = M = C = \{0, 1\}^l$。一次一密的密钥生成算法、信息加密算法和信息解密算法定义如下：

- $key \leftarrow KeyGen\,(\lambda)$：从密钥空间 $K = \{0, 1\}^l$ 中均匀随机地选择出一个比特串。所谓"均匀随机地选择"是指对于密钥空间中所有 2^l 个可能的比特串，每一个比特串被选择上的概率均为 2^{-l}。
- $c \leftarrow Encrypt\,(\,key, m)$：给定密钥 $key \in \{0, 1\}^l$ 和明文 $m \in \{0, 1\}^l$，加密算法输出密文 $c \leftarrow m \oplus key$。
- $m \leftarrow Decrypt\,(\,key, c)$：给定密钥 $key \in \{0, 1\}^l$ 和密文 $c \in \{0, 1\}^l$，解

密算法输出明文 $m \leftarrow c \oplus key$。

注意，加密算法和解密算法中用到了一个特殊的符号 $\oplus$，这个符号表示的是 3.3.2 节介绍的异或运算，也就是模数为 2 下的加法运算。只不过，这里的异或运算指的是按位异或运算，也就是比特串中的每一个比特一对一执行异或运算。例如，如果两个比特串分别为 $a = a_1 a_2 \cdots a_l$、$b = b_1 b_2 \cdots b_l$，则 $a \oplus b = a_1 \oplus b_1 \cdots a_l \oplus b_l$。如果仔细观察异或运算的运算规则，就会发现对于任意密钥 $key \in \{0,1\}^l$ 和任意明文 $m \in \{0,1\}^l$，均有：

$$m \oplus key \oplus key = m$$

因此，$Decrypt\ [key, Encrypt\ (key, m)\ ] = Decrypt\ (key, m \oplus key) = m \oplus key \oplus key = m$。这意味着如果密文和密钥设置正确，则解密算法可以正确解密密文。

接下来证明一次一密满足完备保密性，即证明对于任意明文 m、m'，任意密文 c，均满足 $Pr\ [Encrypt\ (key, m) = c\ ] = Pr\ [Encrypt\ (key, m') = c\ ]$。对于一次一密，有：

$$Pr\ [Encrypt\ (key, m) = c\ ] = Pr\ [c = m \oplus key\ ] = Pr\ [key = m \oplus c\ ]$$

由于密钥 key 是从密钥空间中均匀随机选取的，因此 $m \oplus c$ 等于 key 的概率为 2^{-l}。同理有：

$$Pr\ [Encrypt\ (key, m') = c\ ] = Pr\ [c = m' \oplus key\ ] = Pr\ [key = m' \oplus c\ ] = 2^{-l}$$

故 $Pr\ [Encrypt\ (key, m) = c\ ] = Pr\ [Encrypt\ (key, m') = c\ ]$，一次一密满足完备保密性要求。

4.1.4 完备保密性的缺陷与计算不可区分性

香农在论文《保密系统的通信理论》中不仅证明了一次一密满足完备保密性，同时还证明了具有完备保密性的密码中，密钥必须具备三个条件：密钥的选择要完全随机、密钥不能重复使用、密钥必须与明文一样长。前两个条件相对来说还比较容易实现，但是第三个条件实现起来可就有点困难了。密钥是只有信息发送方和信息接收方才知道的秘密，因此信息发送方和信息接收方需要通过一种安全的通信方法来约定密钥。如果信息发送方和信息接收方都能够秘密传输一个与明文长度相等的密钥了，那为何还需要对明文进行加密呢？直接把明文秘密传输过去不就可以了吗？因此，一次一密的实际应用价值并不高，只有在比较特殊的场景下才会用到一次一密。

难道依据密码的完备保密性，密码学家无法构造出既安全又方便使用的加密方法吗？也不尽然，只是需要换一个角度考虑密码的安全性。完备保密性要求从数学角度看，任意两个明文 m、m' 的加密结果有相同的概率等于密文 c。既然从数学角度看概率值都完全一样，那么就算是上帝来了也无法破解具有完备保密性的密码了。在实际应用中，可能不需要构造一个连上帝都没法破解的密码，只要构造一个即使计算能力最强的人都"大致"认为任意两个明文 m、m' 的加密结果等于密文 c 的概率完全一样，好像就够了。换句话说，如果计算能力最强的计算机都觉得任意两个明文 m、m' 的加密结果有相同的概率等于密文 c，那么该密码就近似于具有完备保密性。这就是所谓的计算安全性。

对于任意明文 m、m'，任意密文 c，如果

$$Pr\left[Encrypt\left(key, m\right) = c\right] \approx_p Pr\left[Encrypt\left(key, m'\right) = c\right]$$

则称该密码具有计算安全性。与完备保密性的定义相比，计算安全性的定义中只有一个符号发生了改变，即两个概率值之间的"＝"变为了"$\approx_p$"。计算机的计算能力最强能达到多少呢？按照图灵对于图灵机的定义，计算机最多能计算所谓多项式时间（Polynomial Time）内能解决的问题，并且计算机最多能有多项式存储空间（Polynomial Storage）用来存储信息。实际上，约等于号右下角的角标 p 所表示的意思正是多项式的英语单词"Polynomial"的首字母。总之，只要计算机在多项式时间内、应用多项式存储空间后，仍然认为 $Pr\left[Encrypt(key, m)\right. = c] \approx_p Pr\left[Encrypt\left(key, m'\right) = c\right]$，则这个密码在实际使用中就可以认为是安全的密码。

4.1.5 实现计算不可区分性: DES 与 AES

现实中的确可以构造出很多满足计算安全性的密码，其中最著名的两个就是数据加密标准 DES 和高级加密标准 AES 了。

在 20 世纪 70 年代之前，密码学的研究一般都被军方和特定的秘密机构垄断。除了在军方和秘密机构工作的极个别人员外，大部分人只知道军方和秘密机构会使用一种特殊的、让人看不懂的方法进行通信，但对密码学这门科学了解极少。IBM 公司就属于这样一个秘密机构。早在 20 世纪 60 年代，IBM 公司就开启了一项有关密码学的研究项目。最初，带领这个研究项目的首席科学家为 H. 菲斯特尔（H. Feistel）博士。这个项目的研究成果为密码学中具有里程碑意义的加密算法：路西法密码（LUCIFER）。20 世纪 70 年代早期，W. 塔奇曼（W. Tuchman）博士成为 IBM 公司密码学研究项目的首席科学家。这个研究项目最终最终促使了大量学术论文、专利、密码学算法以及相关产品的问世。

1973 年 5 月 15 日，美国国家标准局（National Bureau of Standards，NBS）发布了一份联邦公告，正式启动数据加密标准的密码算法征集项目。这个密码算法征集项目的目的是不再让军方和各个机构独自研究自己的密码算法，而是建立一个统一的密码算法标准，这样就可以大幅减少密码算法研究而引入的资金和人力开销。然而，虽然军方和各个秘密机构都对建立这样一个密码算法标准表现出了浓厚的兴趣，但是当时公开的密码算法实在是太少了，NBS 几乎没有收到任何一个可以作为密码算法标准的合格密码。为此，NBS 求助于美国国家安全局（National Security Agency，NSA）。一旦 NBS 收到了候选密码算法，就请 NSA 协助对密码算法进行评估；如果长时间未收到候选密码算法，便由 NSA 协助设计并提供一个算法，直接作为数据加密标准。

IBM 密码学项目研究组最终响应了 NBS 在 1974 年 8 月 27 日发起的第二份联邦公告，将改进的路西法密码算法提交至 NBS。NBS 随后请 NSA 对该算法进行评估，并与 IBM 协商，看能否将此算法无版权化处理，使所有公司、组织、机构都可以免费获取、使用和实现此算法。1975 年 3 月 17 日，NBS 在联邦公告中发布了两份通知。第一份通知正式公开了改进的路西法密码算法，称此算法已经满足了成为数据加密标准的所有要求。第二份通知包含了 IBM 公司的声明，称此算法已经经过无版权化处理，无版权化协议自 1976 年 9 月 1 日起正式生效。1977 年 1 月 15 日，NBS 正式宣布此密码算法成为数据加密标准，这个算法也因此被正式命名为 DES，即数据加密标准英文"Data Encryption Standard"的首字母缩写。

DES 在密码学历史中占有非常重要的地位。时至今日，DES 仍然被认为是一个设计精妙的密码算法。经过 30 年的深入研究，针对 DES 的最有效攻击算法仍然需要把所有密钥都尝试一遍。也就是说，破解 DES 唯一可行的方法基本上就是暴力猜测密钥。

DES 之所以不再被认为是安全密码算法，只是因为 DES 的密钥长度只有 56 比特。选择 56 比特这一特殊数字是有其历史原因的。密码算法的设计不仅要求密码算法足够安全，还需要保证密码算法的加密和解密速度相对来说比较快。而在 1977 年，56 比特长度的密钥可以较好地同时满足加解密的速度要求和密码算法的安全性要求。在当时，构建一台能在一天时间内破解 DES 的计算机需要花费大约 2000 万美元。

为了检验 DES 的安全性，李维斯特、沙米尔、阿德尔曼组建的 RSA 实验室发起了有关破解 DES 的挑战项目。这个挑战项目包含一系列用 DES 加密的密文，等待密码学家对其进行破解。1997 年，一个被称作 DESCHALL 的互联网合作小组应用互联网的分布式计算的强大力量，花费了 96 天的时间成功解决了 RSA 实验室给出的第一个 DES 挑战。41 天后，distributed.net 项目组成功解决了第二个 DES 挑战。1998 年，电子前沿基金会（Electronic Frontier Foundation）花费了 25 万美元构建了一个专门用于破解 DES 的计算机"深度破解"（Deep Crack）。"深度破解"仅花费 56 小时便成功解决了第三个 DES 挑战。1999 年，密码学家结合了"深度破解"与 distributed.net 的 DES 破解思路，在 22 小时内攻破了 DES 挑战。

随着 DES 破解时间的不断缩短，密码学家迫切需要寻找到一个安全性更高的密码取代 DES。为此，美国国家标准技术局（National Institute of Standards and Technology，NIST）于 1997 年 1 月 2 日启动了寻找代替 DES 的密码算法征集项目。1997 年 9 月 12 日，NIST 将这个未来可以代替 DES 的密码算法预先命名为高级加密标准（Advanced Encryption Standard，AES）。为了避免版权问题，NIST 事先已经要求所征集的算法必须是可公开的、无版权化的、全世界通用的密码算法。考虑到影响 DES 安全性的最主要原因是密钥长度过短，同时希望此次征集的算法可以在长时间内为密码学家所使用，NIST 进一步要求候选密码算法的密钥长度支持 128 位、192 位、256 位。

AES 密码算法的选择经历了很长一段时间。1998 年 8 月 20 日，NIST 召开了第一届 AES 候选会议，并宣布已经收集到来自 12 个国家所提交的 15 个候选算法。1999 年 3 月召开了第二届 AES 候选会议，从各个角度大致对这 15 个候选算法进行了分析。1999 年 8 月，NIST 宣布从这 15 个候选算法中选择出了最终的 5 个候选算法：

· IBM 公司设计的 MARS 密码算法；

· RSA 实验室设计的 RC6 密码算法；

· 德门和赖伊曼设计的 Rijndael 密码算法；

· 安德森、比哈姆和努森设计的 Serpent 密码算法；

· 施奈尔、凯尔西、弗格森等人设计的 Twofish 密码算法。

NIST 请求公众对这五个最终候选算法提出意见。随后，密码学家对这五个最终候选算法进行了更深入的研究和分析，并在 2000 年 4 月举行的第三届 AES 候选会议上进行了详细的讨论。2000 年 5 月 15 日，NIST 停止接收公众对五个候选算法所提出的意见。2000 年 10 月，NIST 宣布了最终结果：这五个算法都是优秀的密码算法，在这五个密码算法中均没有找到严重的缺陷。综合考虑效率、灵活性等因素，比利时密码学家德门和赖伊曼设计的 Rijndael 密码算法成为最终的获胜者，Rijndael 密码算法也被正式更名为 AES 密码算法。

截至目前，密码学家仍然没有找到 AES 的任何缺陷。除非刻意使用特殊的密钥，否则除了暴力猜测密钥的全部可能外，仍然没有更好的办法破解 AES 密码算法。由于 AES 密码算法可以免费使用、经过标准化组织严格论述、密码算法性能优异、安全性极高，密码学家认为 AES 密码算法是加密的不二选择。

4.2 "给我保险箱，放好撞上门"：公钥密码

虽然密码学家已经设计出了 DES 和 AES 等多种安全的密码算法，但在使用这些密码算法之前，信息发送方和信息接收方都要解决一个很棘手的问题：密钥协商问题（Key Agreement Problem）。

仍然以密码保险箱为例。一个足够安全的密码保险箱似乎应该满足如下两个要求：（1）密码保险箱和锁都非常结实，如果没有密码或钥匙，任何人都不能打开密码保险箱；（2）钥匙必须足够复杂，除非得到了可以打开密码保险箱的原始钥匙，否则难以通过复制钥匙来打开保险箱。

对应来看，DES 和 AES 等安全密码算法也满足类似的两个要求：（1）密码算法足够安全，如果没有密钥，任何人都不能解密密文；（2）密钥足够长，除非得到了原始密钥，否则猜测出正确密钥的概率极低。

按照这样的安全要求，人们制作了很多安全的密码保险箱，密码保险箱对应的钥匙也变得越来越复杂。对应地，密码学家也设计了很多安全的密码算法，密码算法对应的密钥长度也已经足够长。为了设计方便，最初的保险箱有一个普遍的特征：必须要用钥匙来锁保险箱。对于密码保险箱来说，这似乎是一个挺不错的性质：如果不用钥匙锁密码保险箱的话，万一不小心把钥匙锁在了密码保险箱的内部，那么包括本人在内的任何人都再也无法打开密码保险箱了。强制用钥匙锁密码保险箱，至少可以保证在上锁的时候钥匙还在手上。

虽然强制用钥匙锁密码保险箱可能是个不错的性质，但是对于密码算法来说，

需要用密钥对信息进行加密就带来了一个很棘手的问题：如何让信息发送方和信息接收方在通信之前得到一个相同的密钥。在现实生活中，如果想让两个人拿到同一个密码保险箱的钥匙，仅有的办法只能是两人共同购买保险箱，各自保管其中一把钥匙。但在实际通信过程中，通信双方在绝大多数情况下是很难相见的。如果想在这种条件下实现安全通信，信息发送方和信息接收方必须在无法见面的条件下得到一个只有双方才知道的密钥。如何解决这个问题呢？

4.2.1 信件安全传递问题

我们把上述问题抽象成日常生活中的一个问题。假设 Alice 和 Bob 为身处异地的情侣。不过遗憾的是，Alice 和 Bob 所处的地理位置并没有电力供应。Alice 和 Bob 只能在送信人 Eve 的帮助下，通过互相传递信件的方式传递信息。虽然送信人 Eve 很乐于为 Alice 和 Bob 传递信件，但是架不住 Eve 有一颗八卦的心。在信件传递过程中，Alice 和 Bob 不希望送信人 Eve 知道两人在信件上撰写的内容。在这种条件下，该如何安全保密地传递信件呢？

在解答这个问题之前，首先要来了解一下参与方 Alice、Bob 和 Eve 的命名史。最初在描述密码算法时，密码学家经常用英文字母 A 表示信息发送方，用英文字母 B 表示信息接收方。因此，最初密码算法的描述风格大致如下：

A 要和 B 进行通信。但在通信之前，A 需要确定 B 是否真的知道密钥 K。为此，A 向 B 发送一个随机的比特串 m。B 在收到比特串 M 后，用密钥 K 对比特串 m 加密，并将加密结果 C 回传给 A。如果 A 能够对 C 成功解密并恢复出 m，则认为 B 已知密钥 K。

这样一段中文、英文字母、英文符号混杂的描述看起来冷冰冰的，一点都没有人情味。为了让密码算法的描述看起来更生动一点，密码学家李维斯特在撰写那篇著名的论文《一种构建数字签名和公钥密码学系统的方法》时灵机一动，把 A 起名为 Alice、把 B 起名为 Bob。他把 A 设置为女性角色名称、把 B 设置为男性角色名称的原因并不是要通过爱情故事来引入相关的密码算法，而是因为在文字描述中可以用英文中女性的"她"（she）来指代 Alice，用英文中男性的"他"
（he）来指代 Bob，避免指代不清的问题。Alice 和 Bob 的初次登场，就是在论文
《一种构建数字签名和公钥密码学系统的方法》的第 2 页，如图 4.2 所示：

　　在我们的应用场景中，我们假定 A 和 B（也称为 Alice 和 Bob）是公钥密码
系统中的两个用户。

The reader is encouraged to read Diffie and Hellman's excellent article [1] for further background, for elaboration of the concept of a public-key cryptosystem, and for a discussion of other problems in the area of cryptography. The ways in which a public-key cryptosystem can ensure privacy and enable "signatures" (described in Sections III and IV below) are also due to Diffie and Hellman.

For our scenarios we suppose that A and B (also known as Alice and Bob) are two users of a public-key cryptosystem. We will distinguish their encryption and decryption procedures with subscripts: E_A, D_A, E_B, D_B.

III. Privacy

Encryption is the standard means of rendering a communication private. The sender enciphers each message before transmitting it to the receiver. The receiver (but no unauthorized person) knows the appropriate deciphering function to apply to the received message to obtain the original message. An eavesdropper who hears the transmitted message hears only "garbage" (the ciphertext) which makes no sense to him since he does not know how to decrypt it.

Two users can also establish private communication over an insecure communications channel without consulting a public file. Each user sends his encryption key to the other. Afterwards all messages are enciphered with the encryption key of the recipient, as in the public-key system. An intruder listening in on the channel cannot decipher any messages, since it is not possible to derive the decryption keys from the encryption keys. (We assume that the intruder cannot modify or insert messages into the channel.) Ralph Merkle has developed another solution [5] to this problem.

A public-key cryptosystem can be used to "bootstrap" into a standard encryption scheme such as the NBS method. Once secure communications have been established, the first message transmitted can be a key to use in the NBS scheme to encode all following messages. This may be desirable if encryption with our method is slower than with the standard scheme. (The NBS scheme is probably somewhat faster if special-purpose hardware encryption devices are used; our scheme may be faster on a general-purpose computer since multiprecision arithmetic operations are simpler to implement than complicated bit manipulations.)

图 4.2　Alice 和 Bob 登上密码学的历史舞台

　　李维斯特、沙米尔和阿德尔曼的论文掀起了使用 Alice 和 Bob 作为主人公讲解
密码算法的热潮。密码学家陆续开始使用 Alice 和 Bob 这两个生动的名字来代替 A
和 B。构造出和 AES 具有同等安全性的 Twofish 密码算法的著名密码学家施奈尔也
很喜欢 Alice 和 Bob 这两个名字，并推崇用这种方法来描述密码算法。不仅如此，
他在 1996 年所编著的书籍《应用密码学》（*Applied Cryptography*）中又引入了新
的名字。他在《应用密码学》第二章的最开始给出了一个所谓的"话剧演员表"
（Dramatis Personae），给参演密码算法中的各个话剧角色都起了一个特定的名字。
后来，密码学家进一步对演员表进行了扩展。现今，较为完整的演员表如表 4.5 所
示。把送信人叫作 Eve 的原因是送信人可以被看作窃听者（Eavesdropper）。

表 4.5　密码算法话剧演员表

演员英文名	演员中文名	意义
Alice	爱丽丝	通信过程中的第一位参与者
Bob	鲍伯	通信过程中的第二位参与者
Carol	卡罗尔	通信过程中的第三位参与者
Dave	戴夫	通信过程中的第四位参与者
Eve	逸夫	窃听者（Eavesdropper），她可以偷听，但不能中途篡改信息
Isaac	艾萨克	互联网服务提供方（Internet Service Provider）
Justin	贾斯汀	司法（Justice）机关
Mallory	马洛里	恶意攻击者（Malicious Attacker）
Oscar	奥斯卡	站在对立面（Opposite）的人，同样为恶意攻击者
Pat	帕特	可以提供证明服务的证明者（Prover）
Steve	史蒂夫	具有隐写术（Steganography）技术的参与者
Trent	特伦特	通信中可以信赖的第三方仲裁者（Trusted Arbitrator）
Victor	维克托	验证者（Verifier），与 Pat 一起证实某个事情是否已实际进行
Walter	沃特	看守人（Warder），保护 Alice 和 Bob
Zoe	佐伊	通信过程中的最后一位参与者

　　回到前文的场景中。Alice 和 Bob 需要在 Eve 的帮助下互相传递信件。如何安全传递信件，防止 Eve 偷看呢？迄今为止，Alice 和 Bob 一共想出了三种基本方法，除了第一种方法从密码学角度实现起来难度较大以外，其余两种方法都可以在实际中应用，并存在对应的密码算法。

　　第一种方法实际上非常简单，这也是密码学家最先想到的信件安全传递方法。传递方法如图 4.3 所示。具体过程描述如下：

· Alice 去便利店买一个可以上锁的保险箱。Alice 和 Bob 各自买一把锁。为了表示方便，分别将两把锁命名为锁 A 和锁 B。

· Alice 在写好信件后，把信件放在保险箱中，用锁 A 将保险箱锁住，并请 Eve 把保险箱传给 Bob。注意此时保险箱被锁 A 锁住了。

- Bob 收到保险箱后，用锁 B 再上一层锁，并请 Eve 把保险箱传回给 Alice。注意此时保险箱上同时有锁 A 和锁 B。
- Alice 收到保险箱后，用自己锁的钥匙将锁 A 打开，并请 Eve 把保险箱再传回给 Bob。注意此时保险箱上只有锁 B 了。
- Bob 收到保险箱后，用自己的钥匙将锁 B 打开，最终从保险箱中取出信件，阅读 Alice 所书写的内容。

这样送信估计会把 Eve 累死，不过为了保护私密的爱情信件，我们就让 Eve 辛苦一下吧。

图 4.3　通过同时上两把锁来安全传递信件

在信件传递的整个过程中，Alice 和 Bob 并不需要一起购买锁，而是分别购买自己的锁，并且购买一个能在一边安装上两把锁的保险箱即可。保险箱在整个传递过程中都处于上锁状态，而锁只能由 Alice 或者 Bob 用自己的钥匙打开。这样一来，即使 Eve 对信件中撰写的内容很感兴趣，如果保险箱和锁足够结实，Eve 便无法查看信件中的内容。

这种信件传递方法理解起来似乎非常简单，然而，如何在密码学层面找到这样一个保险箱却让密码学家犯了难。实际上，密码学家直到 2009 年才从密码学层面找到了可以上两把锁的保险箱，构建这种特殊保险箱的工具为全同态加密（Fully Homomorphic Encryption）。全同态加密的设计与实现非常复杂。为了从密码学角度实现信件的安全传递，密码学家绞尽脑汁，终于想出了另外两种方法。

4.2.2 狄菲 – 赫尔曼密钥分发协议

2016 年 3 月 2 日，美国计算机协会（Association for Computing Machinery，ACM）宣布了 2015 年 ACM 图灵奖的获得者。ACM 图灵奖被誉为是计算机科学领域的最高奖项，具有"计算机领域的诺贝尔奖"之称。ACM 宣布，由于前太阳微系统公司首席安全官 W. 狄菲（W. Diffie）和斯坦福大学电气工程系名誉教授 M. 赫尔曼（M. Hellman）在现代密码学领域的重要贡献，因此将 2015 年图灵奖同时授予他们二人。在斯坦福大学新闻网的相关报道中有如下一段话：

狄菲和赫尔曼在 1976 年的论文《密码学的新方向》中提出了一个革命性的新技术，允许通信双方在不实现约定密钥的条件下在公开的信道中实现安全通信，任何潜在的窃听者都无法获知通信双方的任何信息。这一新技术的提出震惊了学术界和工业界。他们称这一新技术为"公钥密码学"。

在前文的例子中，Eve 有可能会偷看 Alice 和 Bob 的信件，传递的过程是不安全的。这种不安全的信息传输方式就是所谓的公开信道。互联网也有这样的特点。在互联网中，每一个人发送的信息都会经过无数个无线网、路由器、交换机后最终到达目的地。在信息传输过程中，无数攻击者可能对其进行窃听或截取。《密码学的新方向》中所提出的"公钥密码学"正是第二种信件安全传递方式。

不过，在斯坦福大学新闻网的报道中，还有这样一句话：

在《密码学的新方向》中，狄菲和赫尔曼展示了一种算法，表明非对称加密或公钥加密是可行的。

之所以说狄菲和赫尔曼只是"展示了一种算法"而不是"设计了一种加密算法"，是因为在《密码学的新方向》这篇论文中，他们并没有提出任何一种具体的公钥加密算法，而是只给出了一个在公开信道中双方可以协商一个密钥的协议，

称为狄菲 – 赫尔曼密钥协商协议（Diffie–Hellman Key Agreement Protocol）。这个密钥协商协议不是加密算法，但确实体现了公钥加密的思想。

想必读者朋友也等不及要知道狄菲和赫尔曼提出的究竟是何种精妙的算法了。狄菲和赫尔曼所设计的信件安全传递方法如图 4.4 所示。

图 4.4　利用可两边上锁的保险箱安全传递信件

协议描述如下：

· Bob 去便利店买一个可以在两边上锁的保险箱。

· Alice 买一把锁。为了表示方便，将 Alice 所购买的锁命名为锁 A。Alice 用锁 A 将保险箱的左边锁住，并请 Eve 把保险箱传给 Bob。

· Bob 也买一把锁。为了表示方便，将 Bob 所购买的锁命名为锁 B。收到保险箱后，Bob 用锁 B 将保险箱的右边锁住，并请 Eve 把保险箱传回给 Alice。

至此，密钥协商过程结束。Alice 和 Bob 可以利用这个两边上锁的保险箱传递信件：Bob 在信件上写好内容后，用自己的钥匙打开锁 B，将信件放入保险箱，并请 Eve 把保险箱传给 Alice；Alice 收到保险箱后，用自己的钥匙打开锁 A，就可以取出信件了。

与第一种信件传递方法相比，Alice 和 Bob 不需要找到一个能在一边安装上两把锁的保险箱，而是需要找到一个双门保险箱。两个门不同时处于开启状态，只需用不同的锁打开不同的门，就可以放入或取出信件。

如何从密码学角度实现这样一个两边可以上锁的保险箱呢？构造方法非常简单。如果理解了 3.3.4 节介绍的模数为质数 p 的同余运算，并理解第 3.3.5 节介绍的离散对数问题，就可以很好地理解狄菲 – 赫尔曼密钥协商协议了。图 4.5 给出了密钥协商协议的具体流程。协议描述如下：

·Alice 和 Bob 约定一个很大的质数 p，以及模 p 下的生成元 g（两个人购买可以两边上锁的保险箱）。

·Alice 选择一个小于 p 的秘密随机数 a（Alice 购买锁 A），计算 $A \equiv g^a \pmod{p}$（将保险箱的左边锁住），并把 A 发送给 Bob（Alice 请 Eve 将保险箱传递给 Bob）。

·Bob 选择一个小于 p 的秘密随机数 b（Bob 购买锁 B），计算 $B \equiv g^b \pmod{p}$（将保险箱的右边锁住），并把 B 发送给 Alice（Bob 请 Eve 将保险箱传递给 Alice）。

·Alice 收到 B 后，计算 $key = B^a = (g^b)^a \equiv g^{ab} \pmod{p}$（Alice 得到两边上锁的保险箱）。

·Bob 收到 A 后，计算 $key = A^b = (g^a)^b \equiv g^{ab} \pmod{p}$（Bob 得到两边上锁的保险箱）。

·Alice 和 Bob 可以应用对称加密实现安全通信（利用两边上锁的保险箱传递信件）。

整个过程中，Alice 向 Bob 发送了 A，Bob 向 Alice 发送了 B。所有计算都可以快速完成。

p：大质数
g：GF（p）的生成元
a：Alice 选择小于 p 的秘密随机数

p：大质数
g：GF（p）的生成元
b：Bob 选择小于 p 的秘密随机数

图 4.5　狄菲 – 赫尔曼密钥协商协议

　　狄菲 – 赫尔曼密钥协商协议神奇的地方在于，密钥协商过程中的所有参数 p、g、A、B 都可以通过公开信道传递。即使得到了 p、g、A、B，如果想要得到 key，Eve 至少需要根据 A、g 和质数 p 求解 $\log_g A$ 来得到未知数 a；或者根据 B、g 和质数 p 求解 $\log_g B$ 来得到未知数 b，最终计算得到 $key \equiv g^{ab}$（$mod\ p$），从而打开保险箱。但是，计算出 a 或 b 实际上要解决模数为质数 p 下的离散对数问题。3.3.5 节已经讲解到，离散对数问题是一个非常困难的问题，对于现有计算机来说，并不存在算法可以快速解决这个问题。因此，只要 Alice 和 Bob 选择了足够大的 p，窃听者 Eve 就算看到了 Alice 和 Bob 发送的全部信息，对于获取密钥 key 也无能为力。

　　是否能直接通过 p、g、A、B，在不计算得到未知数 a 或 b 的条件下直接恢复出密钥 key？答案是否定的。事实上，给定 p、g、$A \equiv g^a$（$mod\ p$）、$B \equiv g^b$（$mod\ p$），求 g^{ab}（$mod\ p$）的问题，在密码学中称为计算狄菲–赫尔曼问题（Computational Diffie–Hellman Problem，CDHP），这个问题几乎和离散对数问题一样困难。

　　狄菲 – 赫尔曼密钥协商协议至今仍然被认为是安全的。当全球各地的人们浏览互联网时，狄菲 – 赫尔曼密钥协商协议便在背后默默地保护着信息的安全。维基百科网站就在使用狄菲 – 赫尔曼密钥协商协议的变种，安全地将网页信息发送到我们的浏览器上。这个密钥协商协议的变种称为椭圆曲线狄菲 – 赫尔曼（Elliptic

Curve Diffie-Hellman，ECDH）。如果如图 4.6 所示，用 IE 浏览器访中文维基百科网站，点击地址栏右侧的"锁型"按钮，并点击【查看证书】，就可以看到图 4.7 所显示的页面。这就是"中文维基百科"的相关安全信息。

图 4.6　中文维基百科网站安全信息查看方法

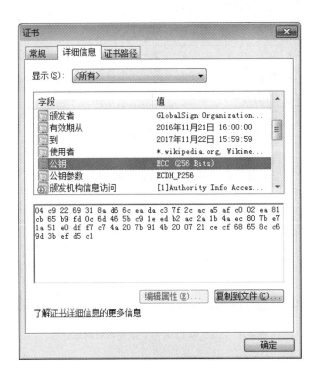

图 4.7　中文维基百科网站安全信息

在安全信息页面中，"公钥参数"一栏写的是"ECDH_P256"。EC 就是"椭圆曲线"（Elliptic Curve）的首字母缩写，DH 就是狄菲与赫尔曼姓名的首字母缩写，后面的 P256 指的是使用了模数为 256 位质数下的椭圆曲线。如果点击"公钥参数"，页面下方就会显示椭圆曲线狄菲 – 赫尔曼密钥协商协议所使用的 256 位质数。如果于 2020 年 11 月再次访问中文维基百科网站，则证书查询结果如图 4.8 所示。与 2017 年 10 月的证书相比，公钥参数已经由"ECDH_P256"更换为"ECDSA–P256"，DSA 的全称是数字签名算法（Digital Signature Algorithm）。别着急，4.3 节我们就会介绍数字签名算法的概念。

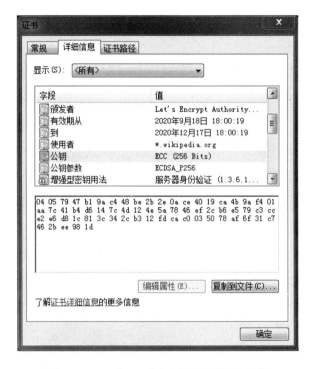

图 4.8　2020 年 11 月中文维基百科网站证书

4.2.3 狄菲与赫尔曼的好帮手默克尔

讲到这里，需要隆重推荐出一位同样为公钥密码学做出了突出贡献，却鲜为人知的天才密码学家 R. 默克尔（R. Merkle）。为什么要介绍这位密码学家呢？如果阅读论文《密码学的新方向》，会发现论文在第 5 页的结尾处有这样一段话（如图 4.9 所示）：

默克尔也已经独立研究了在不安全信道上分发密钥的问题。他的方法与本篇论文所介绍的方法有所不同，他所提出的方法可命名为公钥分发系统。

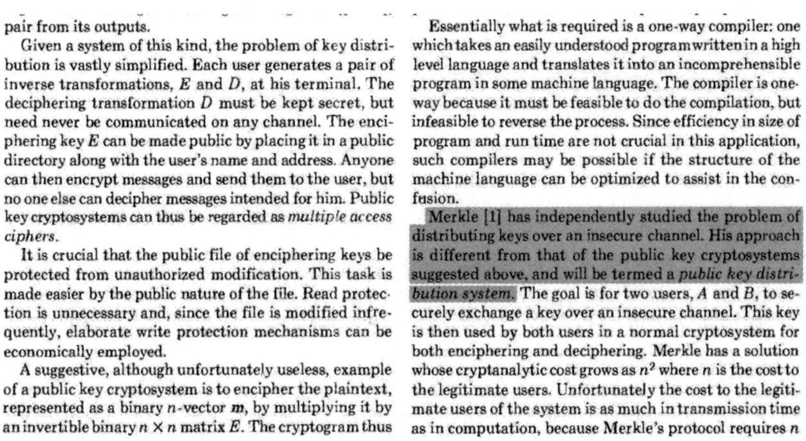

pair from its outputs.

Given a system of this kind, the problem of key distribution is vastly simplified. Each user generates a pair of inverse transformations, *E* and *D*, at his terminal. The deciphering transformation *D* must be kept secret, but need never be communicated on any channel. The enciphering key *E* can be made public by placing it in a public directory along with the user's name and address. Anyone can then encrypt messages and send them to the user, but no one else can decipher messages intended for him. Public key cryptosystems can thus be regarded as *multiple access ciphers*.

It is crucial that the public file of enciphering keys be protected from unauthorized modification. This task is made easier by the public nature of the file. Read protection is unnecessary and, since the file is modified infrequently, elaborate write protection mechanisms can be economically employed.

A suggestive, although unfortunately useless, example of a public key cryptosystem is to encipher the plaintext, represented as a binary *n*-vector *m*, by multiplying it by an invertible binary $n \times n$ matrix *E*. The cryptogram thus

Essentially what is required is a one-way compiler: one which takes an easily understood program written in a high level language and translates it into an incomprehensible program in some machine language. The compiler is one-way because it must be feasible to do the compilation, but infeasible to reverse the process. Since efficiency in size of program and run time are not crucial in this application, such compilers may be possible if the structure of the machine language can be optimized to assist in the confusion.

Merkle [1] has independently studied the problem of distributing keys over an insecure channel. His approach is different from that of the public key cryptosystems suggested above, and will be termed a *public key distribution system*. The goal is for two users, *A* and *B*, to securely exchange a key over an insecure channel. This key is then used by both users in a normal cryptosystem for both enciphering and deciphering. Merkle has a solution whose cryptanalytic cost grows as n^2 where *n* is the cost to the legitimate users. Unfortunately the cost to the legitimate users of the system is as much in transmission time as in computation, because Merkle's protocol requires *n*

图 4.9　《密码学的新方向》论文中提到默克尔

而论文的引用标注是默克尔所撰写的一篇论文《在不安全信道中进行安全通信》（*Secure Communication over an Insecure Channel*）。如果进一步深挖下去，就会发现狄菲 – 赫尔曼密钥协商协议存在对应的专利。专利的名称为《密码加密装置和方法》（*Cryptographic Apparatus and Method*），对应的论文中包括了狄菲和赫尔曼所合作撰写的两篇论文，其中一篇论文就是《密码学的新方向》。这个专利于 1977 年 9 月 6 日申请，1980 年 4 月 29 日获批。而这个专利的"发明人"一栏除了狄菲与赫尔曼外，还包含了默克尔，如图 4.10 所示。

United States Patent [19]

Hellman et al.

[11]   **4,200,770**

[45]   **Apr. 29, 1980**

[54]   **CRYPTOGRAPHIC APPARATUS AND METHOD**

[75]   Inventors: **Martin E. Hellman**, Stanford; **Bailey W. Diffie**, Berkeley; **Ralph C. Merkle**, Palo Alto, all of Calif.

[73]   Assignee: **Stanford University**, Palo Alto, Calif.

[21]   Appl. No.:   **830,754**

[22]   Filed: **Sep. 6, 1977**

[51]   Int. Cl.² H04L 9/04
[52]   U.S. Cl. .... 178/22; 340/149 R; 375/2; 455/26
[58]   Field of Search .... 178/22; 340/149 R

[56]   **References Cited**
PUBLICATIONS

"New Directions in Cryptography", Diffie et al., *IEEE Transactions on Information Theory*, vol. IT–22, No. 6, Nov. 1976.
Diffie & Hellman, Multi-User Cryptographic Techniques", *AFIPS Conference Proceedings*, vol. 45, pp. 109–112, Jun. 8, 1976.

Primary Examiner—Howard A. Birmiel
Attorney, Agent, or Firm—Flehr, Hohbach, Test

[57]   **ABSTRACT**

A cryptographic system transmits a computationally secure cryptogram over an insecure communication channel without prearrangement of a cipher key. A secure cipher key is generated by the conversers from transformations of exchanged transformed signals. The conversers each possess a secret signal and exchange an initial transformation of the secret signal with the other converser. The received transformation of the other converser's secret signal is again transformed with the receiving converser's secret signal to generate a secure cipher key. The transformations use non-secret operations that are easily performed but extremely difficult to invert. It is infeasible for an eavesdropper to invert the initial transformation to obtain either conversers' secret signal, or duplicate the latter transformation to obtain the secure cipher key.

8 Claims, 6 Drawing Figures

图 4.10　狄菲 – 赫尔曼密钥协商协议专利

难道说，狄菲 – 赫尔曼密钥协商协议这个概念并不仅仅是狄菲和赫尔曼锁提出的，还与这位叫默克尔的密码学家有关？如果真是如此，为什么《密码学的新方向》的作者名单中没有默克尔的名字呢？默克尔和狄菲、赫尔曼究竟是什么关系？

原来，默克尔在博士研究生阶段一直在伯克利大学研究计算机科学，并分别于 1974 年和 1977 年在伯克利大学获得了学士和硕士学位。默克尔是一个密码学天才，在绝大多数密码学家深入研究对称加密等领域时，默克尔早在 1974 年便已经提出了公钥密码学的思想：

在不安全的通信信道中建立安全通信机制。

默克尔在撰写博士研究计划时提出了两个项目，第一个项目就是公钥密码学的思想。但是，这一思想遭到了他在伯克利大学博士生导师的严厉反对。在浏览了默克尔所提出的思想后，这位博士生导师做出了如图 4.11 所示的评论：

第二个项目看起来更合理一些，或许是因为你所描述的第一个项目实在是太糟糕了。今天找时间跟我聊一聊这些项目。

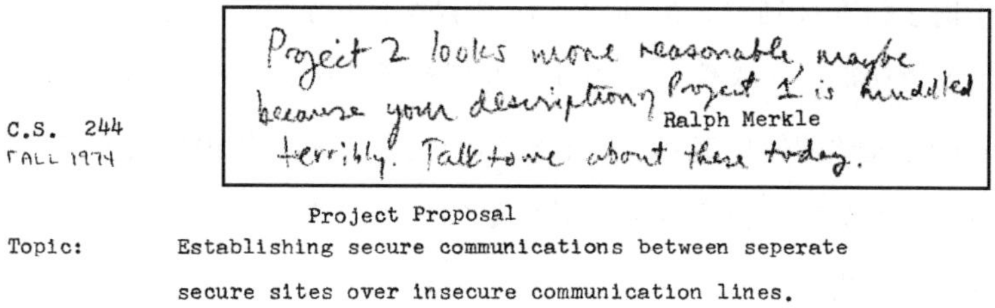

C.S. 244
FALL 1974

```
Project 2 looks more reasonable, maybe
because your description Project 1 is muddled
terribly. Talk to me about these today.     Ralph Merkle
```

                    Project Proposal
Topic: Establishing secure communications between seperate
          secure sites over insecure communication lines.

图 4.11　伯克利大学博士生导师对默克尔博士研究项目的评价

　　更为遗憾的是，不仅默克尔的博士生导师不认可他的思想，当时世界上几乎所有的密码学家都表示不认同。狄菲与赫尔曼在《密码学的新方向》中引用的论文正是默克尔在 1975 年投稿至著名国际期刊《ACM 通信》（*Communications of the ACM*）的论文《在不安全信道中进行安全通信》。当初这篇论文曾被无情地拒稿。编辑给出的最终意见如图 4.12 所示。

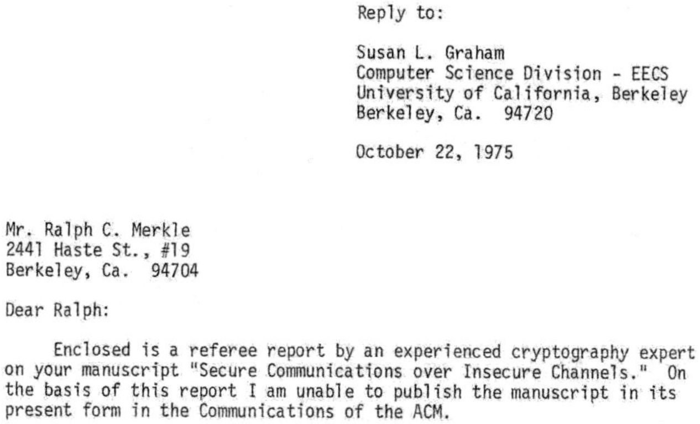

                                        Reply to:

                                        Susan L. Graham
                                        Computer Science Division - EECS
                                        University of California, Berkeley
                                        Berkeley, Ca. 94720

                                        October 22, 1975

    Mr. Ralph C. Merkle
    2441 Haste St., #19
    Berkeley, Ca. 94704

    Dear Ralph:

        Enclosed is a referee report by an experienced cryptography expert
    on your manuscript "Secure Communications over Insecure Channels." On
    the basis of this report I am unable to publish the manuscript in its
    present form in the Communications of the ACM.

图 4.12　1975 年《ACM 通信》编辑发送给默克尔的拒稿信

　　具体意见为：

　　信件中附上一位有经验的密码学家对你手稿《在不安全信道中进行安全通信》的评判报告。基于这份报告的内容，我无法在《ACM 通信》期刊上发表你当前提交的手稿。

由于博士研究计划没有得到伯克利大学博士生导师的认可，默克尔最终没能在伯克利大学获得博士学位。正当他为此感到绝望时，一个鼓舞人心的消息传来了——斯坦福大学的两位老师狄菲和赫尔曼也在思考着公钥密码学的思想。默克尔立即前往斯坦福大学，顺利成为赫尔曼的博士研究生，并与狄菲老师合作，继续践行自己的想法。

著名期刊《IEEE 信息理论期刊》（*IEEE Transactions on Information Theory*）于 1976 年向狄菲与赫尔曼发出邀请，希望他们能撰写一篇论文，介绍密码学的最新研究进展。当时默克尔还仅仅是名博士研究生，如此著名的期刊当然不会邀请默克尔写文章了。于是，狄菲与赫尔曼作为名义上的撰稿人，最终在这个著名的国际期刊上发表了《密码学的新方向》这一划时代的论文。在论文第一页的题目下方也显式标注"受邀论文"（Invited Paper）的字样，如图 4.13 所示。虽然文章的作者中最终并没有出现默克尔的名字，但他的杰出贡献终究为世人所瞩目，他也因此获得了密码学最高奖励的 RSA 奖。

644　　　　　　　　　IEEE TRANSACTIONS ON INFORMATION THEORY, VOL. IT-22, NO. 6, NOVEMBER 1976

New Directions in Cryptography

Invited Paper

WHITFIELD DIFFIE AND MARTIN E. HELLMAN, MEMBER, IEEE

图 4.13　《密码学的新方向》题目下方标注"邀请论文"

随着 1976 年狄菲与赫尔曼这篇划时代论文的发表，密码学家才真正意识到公钥密码学这一创新性技术的重要性。他们承认先前对于默克尔研究思想的评判是错误的。而《ACM 通信》期刊也于 1978 年弥补了 1975 年所犯下的错误，正式接收了默克尔的论文《在不安全信道中进行安全通信》。唯一的不完满莫过于默克尔没能与狄菲、赫尔曼二人共同登上 ACM 图灵奖的领奖台，一同接受这份荣誉。他们为密码学进步所背负的压力、所付出的努力将永远铭记在人们心中。

4.2.4 撞门的保险箱：公钥加密

狄菲–赫尔曼密钥协商协议虽然允许 Alice 和 Bob 在公开信道上协商出一个密钥，但这个协议在功能上存在一个严重的缺失：Alice 和 Bob 不能直接使用这个协议实现信息加密和信息解密的功能。如何对狄菲–赫尔曼密钥协商协议进行修改，使得这个协议可以真正实现信息加密与信息解密呢？这便要引出第三种通信方法了。

前文已经给出了两种信件安全传递的方法：单边上两把锁和两边各上一把锁。第三种方法更加取巧。想象一下，家里有人要外出，仍待在家里的人常常会说"走的时候把门撞上"。为了在确保安全性的同时简化锁门的步骤，人们进一步设计了无须钥匙即可锁住的门锁，锁门时直接把门撞上就可以离开了。只要把门撞好，门外的人没有钥匙同样也打不开门锁。基于这样的思想，Alice 和 Bob 可以利用撞门的保险箱，即第三种方法实现信件的安全传递了。信件传递方法如图4.14 所示。

图 4.14　利用可撞门的保险箱安全传递信件

具体过程描述如下：

· Alice 去便利店买一个可以把门撞上的保险箱，通过 Eve 将打开状态的保

险箱传递给 Bob;

·Bob 收到 Alice 发来的保险箱后，将信件放入保险箱中，把保险箱的门撞上后，通过 Eve 将保险箱传回给 Alice（这里 Bob 不小心把自己的钢笔也寄给了 Alice）;

·Alice 收到 Bob 发来的保险箱后，用钥匙打开保险箱，得到信件（以及钢笔）。

第三种信件安全传递方法就是公钥加密。现在，我们用形式化的语言来定义一下公钥加密。公钥加密同样应该包含三个算法：密钥生成算法、信息加密算法和信息解密算法。与对称加密不同，公钥加密中的加密密钥空间和解密密钥空间并不相同，分别用符号 K_e 和 K_d 表示。同时，加密密钥与解密密钥也有所不同，一般称加密密钥为公钥（Public Key），即可以公开的密钥，符号用公钥对应英文 "Public Key" 的首字母 pk 表示；称解密密钥为私钥（Secret Key），即秘密保留的密钥，符号用私钥对应英文 "Secret Key" 的首字母 sk 表示。给定明文空间 M、密文空间 C，加密密钥空间 K_e、解密密钥空间 K_d，公钥加密的定义如下：

· $(pk, sk) \leftarrow KeyGen(\lambda)$。信息接收方以安全常数 λ 作为输入，输出公钥 $pk \in K_e$ 和私钥 $sk \in K_d$。公钥 pk 公开，私钥 sk 由信息接收方秘密保留。

· $c \leftarrow Encrypt(pk, m)$。信息发送方以公钥 $pk \in K_e$ 和明文 $m \in M$ 作为输入，输出明文在公钥下加密得到的密文 $c \in C$。

· $m \leftarrow Decrypt(sk, c)$。信息接收方以私钥 $sk \in K_d$ 和密文 $c \in C$ 作为输入，输出密文在私钥下解密得到的明文 $m \in M$。

4.2.5 RSA 公钥加密方案与盖默尔公钥加密方案

如何实现公钥加密呢？狄菲、赫尔曼与默克尔在模数为质数 p 的同余运算下进行了艰苦的探索，但仍然没有找到可行的方法。1976 年，来自麻省理工学院的三位年轻密码学家李维斯特、沙米尔和阿德尔曼在公钥密码的构造方法上寻求突破。他们指出，可以利用 3.3.3 节介绍的模数为合数 N 构造公钥密码方案，完整实现公钥加密的功能。这个算法后来就以他们三个人姓氏的首字母组成，称为

RSA 算法。正是由于提出了 RSA 公钥密码方案，李维斯特、沙米尔和阿德尔曼早在 2001 年便获得了 ACM 图灵奖，比狄菲和赫尔曼早了近十五年。

有关 RSA 公钥密码方案的设计还有一个有趣的故事。李维斯特和沙米尔主要负责设计密码方案，阿德尔曼主要负责破解这两人所设计的密码方案。起初，阿德尔曼破解各个方案的速度很快，以至于李维斯特和沙米尔一度开始怀疑狄菲和赫尔曼提出的公钥密码思想本身是有问题的。不过随着他们所设计的方案愈加精妙，阿德尔曼破解的速度也变得越来越慢，双方陷入了持续的焦灼状态。李维斯特和沙米尔前前后后提出了多达 42 种不同的方案，却均被阿德尔曼破解。

最终的决胜发生在 1977 年 4 月，李维斯特在漫长的探究之后灵光乍现，构造出了一个让阿德尔曼彻底认输的方案，这就是 RSA 公钥密码方案。据称，其实很早以前沙米尔就在一次滑雪期间想到了相同的方法，却在滑完雪后忘记了这个一闪而过的点子。所幸李维斯特最终也想到了相同的方案，否则现在这个公钥密码方案的名字可能就是 SRA 了。

言归正传，下面来形式化地描述一下 RSA 公钥密码方案。给定两个大质数 p 和 q，明文空间 M 与密文空间 C 均为与 p 和 q 互质，但小于 $N = p \cdot q$ 的正整数。加密密钥空间 K_e 和解密密钥空间 K_d 均为与欧拉函数 $\varphi(N) = (p-1) \times (q-1)$ 互质，且小于 $\varphi(N)$ 的正整数[①]。RSA 公钥加密方案的描述如图 4.15 所示。

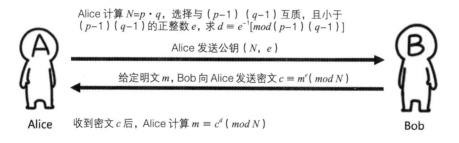

图 4.15　RSA 公钥加密方案描述

[①]　感兴趣的读者可以结合 RSA 算法的描述进行思考，为何明文空间、密文空间、加密密钥空间、解密密钥空间会设置为此种形式。

方案描述如下：

- $(pk, sk) \leftarrow KeyGen(\lambda)$。选择两个大质数 p 和 q，并计算 $N = p \cdot q$。随后，选择一个与欧拉函数 $\varphi(N) = (p-1) \times (q-1)$ 互质、且小于 $\varphi(N)$ 的正整数 e，并计算 $d \equiv e^{-1}[mod\,\varphi(N)]$。根据 3.3.3 节的介绍可知，如果 e 和 $\varphi(N)$ 互质，可以利用欧几里得算法快速找到模数为 $\varphi(N)$ 下 e 的倒数 d。公钥为 $pk = (N, e)$，私钥为 $sk = (N, d)$。

- $c \leftarrow Encrypt(pk, m)$。给定公钥 $pk = (N, e)$ 和明文 m，计算并输出 $c \equiv m^e \,(mod\,N)$。

- $m \leftarrow Decrypt(sk, c)$。给定私钥 $sk = (N, d)$ 和密文 c，直接计算并输出 $c^d = (m^e)^d = m^{e \cdot d} = m^{e \cdot e^{-1}} \equiv m \,(mod\,N)$

由于 Alice 知道合数 N 的质因子 p 和 q，因此 Alice 很容易计算得到欧拉函数 $\varphi(N) = (p-1)(q-1)$，从而在任意选取 e 的条件下应用欧几里得算法计算得到 $d \equiv e^{-1}[mod\,(p-1)(q-1)]$ 了。然而，即使得到了公钥 (N, e)，由于很难对较大的合数 N 进行质因子分解，窃听者 Eve 无法计算得到 $\varphi(N) = (p-1)(q-1)$，因此也就无法应用欧几里得算法计算得到私钥 d，进而无法对密文进行解密，得到明文 m。

大家可能存在这样一个疑问：窃听者 Eve 只能通过对大合数 N 进行质因子分解后求 $\varphi(N) = (p-1)(q-1)$ 的方法来计算得到私钥 d，从密文中恢复出明文 m 吗？是否存在某些投机取巧的方法，在未知私钥 d 的条件下从密文中恢复出明文 m？很遗憾，目前看来并不存在这样的方法。密码学家经过三十多年的研究后认为，只要各个参数的选择得当，在未知私钥 d 的条件下从密文中恢复出明文 m 的难度，与对大合数 N 进行质因子分解几乎一样大。

那么，真的不能基于狄菲 – 赫尔曼密钥交换协议构造公钥加密方案吗？狄菲、赫尔曼默克尔只需要再突破一点点就能构造出公钥加密方案了。然而，在科学研究中，哪怕是这样一点点的突破都是极为困难的。事实上，直到 1984 年，密码学家 T. 盖默尔（T. Gamal）才改进了狄菲 – 赫尔曼密钥协商协议，使它成为公钥加密方案。直观来说，盖默尔对狄菲 – 赫尔曼密钥协商协议的改进思路非常简单。Alice 仍然购买一个两边都能上锁的保险箱，只不过 Alice 把一边装好锁后就通过 Eve 送给 Bob，Bob 在放置信件的时候临时买一把锁装上。盖默尔公钥加密方案的描述如图 4.16 所示

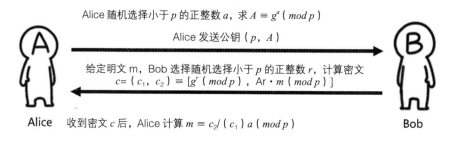

Alice 随机选择小于 p 的正整数 a，求 $A \equiv g^a \, (mod \, p)$

Alice 发送公钥（p，A）

给定明文 m，Bob 选择随机选择小于 p 的正整数 r，计算密文
$c = (c_1, c_2) \equiv [g^r(mod \, p)$，$Ar \cdot m(mod \, p)]$

Alice　收到密文 c 后，Alice 计算 $m \equiv c_2 / (c_1) a \, (mod \, p)$　　Bob

图 4.16　盖默尔公钥加密方案描述

方案描述如下：

- $(pk, sk) \leftarrow KeyGen(\lambda)$。选定一个很大的质数 p，以及模 p 下的生成元 g（购买可以两边上锁的保险箱）。选择一个小于 p 的秘密随机数 a（购买锁 A），计算 $A \equiv g^a(mod \, p)$（将保险箱的左边锁住）。公钥为 $pk = (p, A)$，私钥为 $sk = (p, a)$。

- $c \leftarrow Encrypt(pk, m)$。给定明文 m，选择一个小于 p 的秘密随机数 r（购买临时锁），计算 $c_2 \equiv A^r \cdot m(mod \, p)$（在保险箱中放入信件），$c_1 \equiv g^r(mod \, p)$（将保险箱的右边锁住）。密文为 $c = (c_1, c_2)$。

- $m \leftarrow Decrypt(sk, c)$。给定私钥 $sk = (p, a)$ 和密文 $c = (c_1, c_2)$，直接计算并输出 $\dfrac{c_2}{(c_1)^a} = \dfrac{A^r \cdot m}{(g^r)^a} = \dfrac{g^{ar} \cdot m}{g^{ra}} \equiv m \, (mod \, p)$

遗憾的是，狄菲、赫尔曼、默克尔并没有想到这样的公钥加密方案构造方法，他们的图灵奖也比李维斯特、沙米尔、阿德尔曼的图灵奖晚了将近十五年。

4.3 "钥匙防调包，本人签个字"：数字签名

狄菲－赫尔曼密钥协商协议以及 RSA 公钥密码方案似乎已经解决了 Alice 和 Bob 在公开信道上建立安全连接的问题，可以通过送信人 Eve 安全地传递信件了。然而，这个故事还没有结束。一段时间后，帮助传递信件的送信人 Eve 因为个人原因辞职了。Alice 和 Bob 迫不得已找来了一个新的送信人 Mallory。与 Eve 不同，这个送信人 Mallory 是一个数学天才，常人看来很难解决的数学问题对他来说都是小菜一碟。当然了，剧情要求 Mallory 也是一个非常八卦的送信人，特别喜欢偷看别人的秘密。

与先前 Eve 负责送信的时候一样，Alice 和 Bob 先是通过第二种方法，即保险箱两边分别上锁的方法来传递信件。然而一段时间后，Alice 和 Bob 发现事情不太对劲，似乎收到的信件有被别人阅读过的痕迹。同时，他们还发现似乎送信人 Mallory 知道很多他们只在信里提到过的事情。Mallory 在给 Alice 送信时会称呼 Alice 为"小 A"，而"小 A"正是 Bob 称呼 Alice 的昵称。Mallory 甚至知道只有 Alice 和 Bob 才知道的一个私密博客的链接。察觉到事有蹊跷，Alice 和 Bob 开始怀疑第二种方法很可能存在未知的安全风险，于是决定使用第三种方法，即撞门保险箱的方法来传递信件。然而这一改进方法并没有起效，八卦的 Mallory 仍然在不断偷看 Alice 和 Bob 的信件。这是怎么回事？

4.3.1 威力十足的中间人攻击

经过严肃的交涉，Mallory 终于向 Alice 和 Bob 坦白了他的攻击方法。注意，在第二种信件传递方法中，Alice 无法判断另一边的锁到底是不是属于 Bob；同理，Bob 也无法判断另一边的锁到底是不是属于 Alice。Mallory 就是利用这一点对第二种信件传递方法发起攻击。整个攻击过程如图 4.17 所示。

图 4.17　Mallory 从两边上锁的保险箱中得到信件的方法

攻击过程描述如下：

·Mallory 同样到便利店购买一个相同的保险箱，并再购买两把锁：锁 A_M 和锁 B_M；

·当 Alice 把左边装上锁 A 的保险箱交给 Mallory 后，Mallory 在这个保险箱的右侧装上锁 B_M，从而得到了一个左侧装有锁 A，右侧装有锁 B_M 的保险箱。为描述方便，把这个装有锁 A 和锁 B_M 的保险箱命名为保险箱 AM；

·Mallory 在自己购买的保险箱左侧装上锁 A_M，并把这个保险箱传递给 Bob；

·当 Bob 把右边装上锁 B 的保险箱交给 Mallory 后，Mallory 又得到了一个左侧装有锁 A_M，右侧装有锁 B 的保险箱。为描述方便，把这个装有锁 B_M 和锁 B 的保险箱命名为保险箱 BM；

随后，Alice 和 Bob 就应该利用保险箱互相传递信件了。Alice 和 Bob 以为他们在使用同一个保险箱传递信件，但事实并非如此。事实上：

·Alice 与 Mallory 构建了保险箱 AM；

·Bob 与 Mallory 构建了保险箱 BM。

　　每当 Alice 向 Bob 传递信件时，由于 Mallory 拥有保险箱 AM 上的钥匙，因此 Mallory 可以打开保险箱，取出并阅读信件。同时，由于 Mallory 拥有保险箱 BM 上的钥匙，因此 Mallory 可以在阅读完信件后，再把信件放到保险箱 BM 中，并传递给 Bob。这样一来，信件传递过程仍然可以正常进行。从 Alice 和 Bob 的角度观察，信件传递过程没有出现任何问题。但是 Mallory 成功阅读了信件，整个信件传递过程变得不安全了。

　　那么，Mallory 又是如何实现对第三种信件传递方法的攻击的呢？同样地，注意到在第三种信件传递方法中，Bob 是无法得知传递来的保险箱究竟是不是 Alice 所购买的。Mallory 利用了这一点对第三种信件传递方法发起攻击。整个攻击过程如图 4.18 所示。

图 4.18　Mallory 从撞门的保险箱中得到信件的方法

　　攻击过程描述如下：

　　·Mallory 同样到便利店购买一个相同的撞门保险箱；

　　·当 Alice 把自己的撞门保险箱交给 Mallory 后，Mallory 直接把自己购买的撞门保险箱传递给 Bob；

　　·当 Bob 把装好信件的保险箱交给 Mallory 后，Mallory 用自己的钥匙打开保险箱，取出并阅读信件。阅读完毕后，Mallory 把信件放进 Alice 的撞门保险箱，撞上门后把保险箱传回给 Alice。

通过这种方式，信件传递过程同样可以正常进行，但 Alice 和 Bob 无法阻止 Mallory 偷读他们的信件。

在密码学中，这种攻击方式是攻击者常用的一种攻击手段，其核心是让攻击者成为信息发送方和信息接收方之间的中间人，因此这种攻击方式被称为中间人攻击（Man-In-The-Middle Attack，MITM）。当 Alice 和 Bob 通信时，所有信息都被 Mallory 转发。实施攻击后，Alice 和 Bob 认为他们之间在直接通信，但实际上 Mallory 成为通信的"转发器"。与 Eve 仅可能窃听通信信息相比，Mallory 的攻击手段更进一步：他不仅可以窃听 Alice 和 Bob 的通信信息，还可以对通信信息进行篡改后再发送给对方。因此，Mallory 可以将恶意信息传递给 Alice 和 Bob，以达到进一步的攻击目的。在互联网中，特别是网上银行等电子贸易中，中间人攻击一般被认为是最有威胁、并且最具破坏性的攻击方法。

4.3.2 防止钥匙或保险箱调包的数字签名

如何防止保险箱被 Mallory 调包，抵御中间人攻击呢？回想 Mallory 的攻击手段，就会注意到实施这种攻击方法的本质原因是，Alice 和 Bob 没有办法获知保险箱或锁究竟是 Alice 和 Bob 自己的，还是 Mallory 的。能否找到一种方法，帮助 Alice 和 Bob 准确识别出保险箱或锁是属于自己的，而非 Mallory 恶意替换的呢？

解决这个问题的思路非常简单。日常生活中人们经常会在合同、协议、申请书等文件上面签名，表明本人已经阅读并同意文件上的内容。签字具有法律效力：有经验的笔迹学家可以准确识别出文件上的签名是否出自本人之手，因此只要文件上出现了某人的亲笔签名，就证明这份文件已经得到了本人的认可。既然 Alice 和 Bob 一直使用信件交流，两个人对对方的笔迹也很熟悉了。如果 Alice 和 Bob 可以在锁上或者保险箱上签个名字，由于 Mallory 没办法伪造 Alice 或 Bob 的签名，则只要能够验证锁或保险箱上的签名是由 Alice 或 Bob 本人所书，就可以判断锁或保险箱是属于对方的，未被 Mallory 恶意替换。

利用这个思想，Alice 和 Bob 找到了一个改进版的安全信件传递方法。整个信件传递过程如图 4.19 所示。

图 4.19　利用手写签名抵御中间人攻击

具体过程描述如下：

　　·Alice 不仅去便利店买一个可以把门撞上的保险箱，还去便利店买一个"立拍得"相机，以及一个能在照片上写字的黑色碳素笔。Alice 给购买的保险箱拍一张照片，上面可以显示保险箱的序列号等信息，并在照片上签字。

　　·Alice 用非常结实的胶水把签好字的照片贴在保险箱上。Alice 通过 Mallory 将打开状态的保险箱传递给 Bob。

　　·Bob 收到 Alice 发来的保险箱后，首先确定照片上的序列号是否能与保险箱上的序列号对应起来，随后确定照片上的签名是否是 Alice 本人的。如果两个条件都满足，Bob 才会将信件放入保险箱中，把保险箱的门撞上后，通过 Mallory 将保险箱传回给 Alice。

　　·Alice 收到 Bob 发来的保险箱后，用钥匙打开保险箱，得到信件。

这样一来，八卦的 Mallory 也无计可施了。如图 4.20 所示，由于 Bob 在收到保险箱时会先检查照片上的序列号和签名，如果 Mallory 仍然实施中间人攻击，Bob 在收到保险箱时或者会发现照片上的序列号不正确，或者会发现照片上的签名不是 Alice 的笔迹。此时 Bob 便有理由怀疑 Mallory 送来的保险箱是否真的来自 Alice，从而拒绝把信件放进保险箱中。这样一来，Mallory 的攻击方法就不能得逞了，Alice 和 Bob 又可以愉快地传递信件了。

图 4.20　Alice 对保险箱签名后，Mallory 无法实施中间人攻击

　　密码学中也有与手写签名对应的密码算法。这个算法的名字就叫作数字签名（Digital Signature）。应用手写签名时，人们会事前确定一种自己独特的签名方式，随后进行签名，他人也方便对其签名进行验证。同样地，数字签名也包含三个算法：密钥生成算法、签名算法和验证算法。待签名的信息被称为消息（Message），对应的空间为消息空间（Message Space），同样由符号 M 表示。签名后的信息被称为签名（Signature），对应的空间为签名空间（Signature Space），一般由符号 Σ 表示。数字签名同样包含两个密钥。不过与公钥加密不同，数字签名的两个密钥分别叫作签名密钥（Signature Key）和验证密钥（Verification Key），所对应的密钥空间分别叫作签名密钥空间（Signature Key Space）和验证密钥空间（Verification Key Space），分别用符号 K_s 和 K_v 表示。给定消息空间 M、签名空间 Σ、签名密钥空间 K_s、验证密钥空间 K_v，数字签名的定义如下：

　　·密钥生成算法：$(vk, sk) \leftarrow KeyGen(\lambda)$。签名方以安全常数 λ 作为输入，输出验证密钥 $vk \in K_v$ 和签名密钥 $sk \in K_s$。验证密钥 vk 公开，签名密钥

sk 由签名方秘密保留。

· 签名算法：$\sigma \leftarrow Sign(sk, m)$。签名方以签名密钥 $sk \in K_s$ 和消息 $m \in M$ 作为输入，输出消息在签名密钥下得到的签名 $\sigma \in \Sigma$。

· 验证算法：$\{0, 1\} \leftarrow Verify(vk, m, \sigma)$。验证方以验证密钥 $vk \in K_v$、消息 $m \in M$ 和签名 $\sigma \in \Sigma$ 作为输入，如果签名可以通过验证，验证算法输出 1，表示验证通过。否则，验证算法输出 0，表示验证不通过。

数字签名需要满足的安全要求是：在没有私钥的条件下，攻击者不应该能够伪造签名。也就是说，在只知道公钥、不知道私钥的条件下，攻击者无法对某个消息 m 构造一个可以通过验证算法验证的签名 σ。如果能够做到这一点，就可以保证除了拥有私钥的本人以外，任何人都无法计算得到可以通过验证算法验证的签名，这就可以保证签名一定出自本人之手。数字签名的这一安全性要求被称为不可伪造性（Unforgeability）。只有满足不可伪造性的数字签名方案才被认为是安全的数字签名方案。

4.3.3 RSA 数字签名方案

那么，具体应该如何构造数字签名方案呢？李维斯特、沙米尔和阿德尔曼的想法非常简单：把 RSA 公钥加密方案中的 e 和 d 交换位置不就可以了吗？把 RSA 公钥加密中的公钥 e 作为验证密钥，把私钥 d 作为签名密钥。验证签名时，如果"解密"结果等于原始消息，就认为签名验证通过，否则认为签名验证不通过。这便是 RSA 数字签名方案，其具体描述如下：

· $(pk, sk) \leftarrow KeyGen(\lambda)$。与 RSA 公钥加密几乎完全一致，只不过现在验证密钥为 $vk = (N, e)$，签名密钥为 $sk = (N, d)$。

· $\sigma \leftarrow Sign(sk, m)$。给定明文 m 和签名密钥 $sk = (N, d)$，直接计算并输出 $\sigma \equiv m^d \pmod{N}$。

· $\{0, 1\} \leftarrow Verify(vk, m, \sigma)$。给定验证密钥 $vk = (N, e)$、消息 m 和签名 σ，验证 $c^d \equiv m \pmod{N}$。如果相等，则输出 1，表示签名验证通过；否则

　　输出 0，表示签名验证不通过。

　　RSA 数字签名方案的正确性很容易验证，在此就不赘述了。RSA 数字签名方案是否满足不可伪造性？直观来看，给定某个消息 m，如果想构造一个通过验证算法验证的签名 σ，攻击者必须要计算出 $\sigma \equiv m^d \ (mod \ N)$，才能保证校验等式 $\sigma^e \equiv m \ (mod \ N)$ 成立。到目前为止，在未知 d、或无法对合数 N 进行质因子分解的条件下，密码学家仍然找不到能够计算得到 $m^d \ (mod \ N)$ 的方法。因此，直观上看 RSA 数字签名方案满足不可伪造性。然而，在特定条件下还是有方法伪造 RSA 数字签名的。不过，只需要对 RSA 数字签名方案进行简单的修改，就可以从理论上证明修改后的 RSA 数字签名满足不可伪造性[1]。

　　对比 RSA 公钥加密方案和 RSA 数字签名方案，会发现两个方案的算法描述实在是太像了！ RSA 公钥加密方案本身就满足一定的对称性：就算在实际应用中不小心把 RSA 公钥加密方案的公钥 e 和 d 私钥设置反了，加密方案似乎也能很好地执行。正是出于这个原因，不少密码学初学者会把 RSA 公钥加密方案和 RSA 数字签名方案弄混，或者提出类似这样的问题：RSA 的公钥和私钥到底哪个是用来加密，哪个是用来解密的。实际上，应该从公钥加密、数字签名的定义出发来考虑这个问题：

　　· 在公钥加密中，公钥用于明文加密，私钥用于密文解密。直观理解为：公钥是公开的密钥，所有人都可以是用公钥来加密明文；私钥是私有的密钥，只有有私钥的人才能够解密密文。如果用公开的公钥解密密文，也就意味所有人都可以解密密文了，整个体系就乱了。

　　· 在数字签名中，私钥（也就是签名密钥）用于消息签名，公钥（也就是验证密钥）用于签名验证。直观理解为：签名时希望只有自己才能签名，他人无法仿写，因此要用私有的签名密钥完成签名；验证时希望所有人都能

---

[1] 修改方法为在签名前调用一个被称为哈希函数的密码学工具，计算消息 m 的哈希结果，并对哈希结果签名。

验证签名的有效性，因此要用公开的验证密钥完成签名的验证。

在浏览互联网时，RSA 公钥加密方案与数字签名方案也在默默地保护着信息的安全。当访问知乎时，知乎就在使用 RSA 公钥加密方案和数字签名方案。其中，RSA 数字签名方案用于向用户证明所访问的网站的确是知乎网站真身，而 RSA 公钥加密方案用于将网站中的内容加密后发送到浏览器上。同样用 IE 浏览器访问知乎网站，可以查看网站的安全信息页面，即证书页面，如图 4.21 所示。

图 4.21　知乎网站安全信息

在证书页面中，"公钥"一栏写的是"RSA（1024 Bits）"，表示知乎在使用公钥长度为 1024 位的 RSA 数字签名方案。如果点击"公钥"，页面下方就会显示公钥信息。同时，"签名算法"一栏写的是"sha256RSA"，其中 RSA 表示知乎应用 RSA 数字签名方案作为签名算法，而 sha256 的全称为 256 位安全哈希算法（Secure Hash Algorithm 256）。所谓的"哈希函数"，直观理解就是给保险箱拍照所用的相机的名称。这里就不对哈希函数进行详细介绍了。

如果于2020年11月查看知乎网站的证书，则查询结果如所示。在证书页面中，"公钥"一栏已经从之前的"RSA（1024 Bits）"变为"RSA（2048 Bits）"，表示知乎现在使用的是公钥长度为2048位的RSA数字签名方案。值得注意的是，知乎网站证书的有效期截止到2020年12月24日20时。相信读者朋友后续访问知乎网站时，相应的证书就应该已经再次更新。

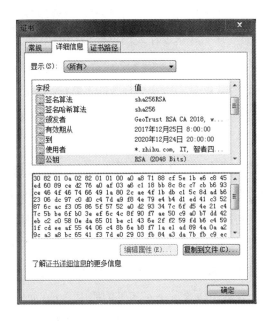

图 4.22　2020 年 11 月知乎网站证书

4.4　RSA 的破解之道

了解完 RSA 公钥加密方案和 RSA 数字签名方案后，可能有人会认为 RSA 的相关密码方案不难理解，而且足够安全。事实也的确如此，如果参数设置正确，可以从理论上严格证明 RSA 公钥加密方案和 RSA 数字签名方案的安全性。但是，

RSA 密码中蕴含了较深的数学和密码学理论，如果不深入了解原理的话，在应用 RSA 密码时还是会出现很多意想不到的安全问题。

我们先来看一个简单而有趣的例子。2012 年 2 月，A. K. 伦斯特拉（A. K. Lenstra）、J. P. 休斯（J. P. Hughes）、M. 奥吉埃（M. Augier）等六位密码学家联合发表了一篇名为《李维斯特是错的，狄菲才是对的》（*Ron Was Wrong，Whit Is Right*）的论文。在这篇论文中，六位密码学家提出了一个很暴力、很简单，但可以有效破解 RSA 密码的方法。前文我们曾提到，只要能解决大整数分解问题，破解 RSA 密码便易如反掌。既然现在人们已经开始使用 512 比特长度质数作为 RSA 密码中的质数了，是否可以把所有 512 比特长度的质数都列举出来？当得到一个 RSA 密码中的合数后，就试一试这个合数能不能被列举出来的所有质数整除。如果能够整除，就很快得到了合数分解后的其中一个质因数，此 RSA 密码也就不安全了。

这六位密码学家实际使用的攻击方法更加直接。他们在网上收集了几百万个 RSA 所使用的合数，依次使用欧几里得算法求解合数之间的最大公约数。在大多数情况下，所得到的最大公约数都会是 1，此时的 RSA 密码是安全的。但是，最大公约数有一定的概率并不是 1，而是一个大质数。如果 RSA 密码中两个合数求最大公约数的结果不为 1，则意味着两个合数的形式为 $N_1 = p \times q$，而 $N_2 = p \times r$，也就是说两个合数中包含了一对相等的质因子 p，而所求得的最大公约数正是 p，如图 4.23 所示。经过实验，六位密码学家发现所收集的合数中，有大约 1.2% 的合数可通过上述攻击实现质因数分解，从而破解对应的 RSA 密码。

由此可见，即使小心谨慎地使用 RSA 密码，密码破译者们还是可以见缝插针地找到一些旁门左道的方法，实现对 RSA 密码的攻击。那么，还存在哪些问题，会使得对应的 RSA 密码容易遭到攻击呢？下面我们就来简单了解一下可能的攻击方式。

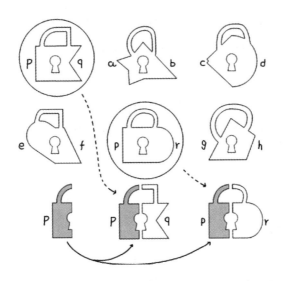

图 4.23　RSA 中的参数可看成由两个质数拼成的锁，质数用的一样就能把锁拆开

4.4.1 质数选得足够大，合数质因子分解难度并不一定大

即使一个合数的确是由两个很大的质数相乘得来，也不一定意味着很难对该合数进行质因子分解。数学家和密码学家经过艰苦的努力，得到了下面几个结论：

- （1978 年证明）如果 $p-1$ 或者 $q-1$ 没有较大的质因子，则对合数 N 进行质因子分解相对比较容易；
- （1981 年证明）如果 $p+1$ 或者 $q+1$ 没有较大的质因子，则对合数 N 进行质因子分解相对比较容易；
- （1982 年证明）如果 $p-1$ 或者 $q-1$ 中最大的质因子是 p 或者 q，且 $p-1$ 或者 $q-1$ 没有较大的质因子，则对合数 N 进行质因子分解相对比较容易；
- （1984 年证明）如果 $p+1$ 或者 $q+1$ 中最大的质因子是 p 或者 q，且 $p-1$ 或者 $q-1$ 没有较大的质因子，则对合数 N 进行质因子分解相对比较容易。

简直和绕口令差不多。还是来看一个比较容易理解的例子吧。1996 年，IBM 研究院的密码学家 D. 科珀史密斯（D. Coppersmith）证明了这样一个结论：如果

合数 N 的质因子 p 和 q 离得特别近，则对合数 N 进行质因子分解相对比较容易。

为什么会比较容易呢？假定合数 N 中的质因子 p 和 q 满足 $p < q$，可以得到下述关系：

$$p^2 < p \times q = N < q^2$$

在不等式的所有参数上开根号，就可以得到下述关系：

$$p < \sqrt{N} < q$$

因此，可以先计算 $\sqrt{N}$ 并取整数，然后依次尝试使用 N 除以 $\sqrt{N}$、$\sqrt{N} + 1$、$\sqrt{N} + 2$ 等，如果可以整除，就找到了 q。如果质因子 p 和 q 离得很近，那么 $\sqrt{N}$ 就和 p、q 离得很近，上述试除过程很快就可以执行完毕。

我们举个例子来演示一下这一攻击方法。假定我们得到了一个 RSA 密码中所用到的合数 $N = 9021$，这个合数的质因子 p 和 q 离得特别近。直观来看，似乎不太容易找到两个质数 p 和 q，使得 $p \times q = 9021$。但是，根据上述的攻击方法，可以计算并得到 $\sqrt{N} = \sqrt{9021} \approx 95$。离 95 最近的质数是 97，尝试用 9021 除以 97，得到：

$$93 \times 97 = 9021$$

这样，我们仅执行了一次开根号运算和一次除法运算，就成功得到了 9021 的两个质因子 93 和 97。

总之，如果所选取的两个质数满足了一定的条件，那么对合数进行质因子分解可能会变得比较容易，RSA 公钥加密方案或 RSA 数字签名方案就容易被破解。

4.4.2 在使用 RSA 时，永远不要使用相同的合数

质数 p 和 q 的选取要满足各种各样的条件，选取满足所有条件的 p 和 q 就变得没那么容易了。当某个信息发送方需要对多个信息接收方发送信息时，每个信息接收方都需要生成满足条件的 p 和 q，这看起来比较麻烦。能否让所有的信息接收方都选取相同 p 和 q，但每个信息接收方所用的公钥私钥对（e, d）互不相同呢？这样就可以事先选取好 p 和 q，大大减轻质数选取的负担。

然而，上述方法是不可取的。实际上，如果一个信息接收方知道一组公钥私钥对（e，d）以及合数 N，那么这个信息接收方可以非常快速地对合数 N 进行质因子分解，从而可以根据其他信息接收方的公钥 e' 计算得到对应的私钥 d'。简单来说就是：只要同时知道私钥 d 和公钥 e，就可以对 N 进行质因子分解。当然了，上述攻击方法仍然比较复杂。如果对该算法感兴趣，可以阅读密码学家 D. 博奈（D. Boneh）的论文《二十年来针对 RSA 密码系统的攻击》（*Twenty Years Of Attacks On The RSA Cryptosystem*）。

下面我们来看一个比较容易理解的例子。这个攻击方法最初由密码学家 G. 西蒙斯（G. Simmons）于 1983 年给出。假设 Alice 和 Bob 事先使用了相同的合数 N 分别生成了自己的公私钥对（e_A，d_A）、（e_B，d_B）。随后，他们共同的朋友 Carol 想和 Alice 与 Bob 约定一个聚餐地点 m。为此，Carol 应用的公钥 e_A 和 Bob 的公钥 e_B 分别对聚餐地点 m 加密，得到了两个密文：

$$c_A \equiv m^{e_A} \ (mod \ N) \quad c_B \equiv m^{e_B} \ (mod \ N)$$

如果 e_A 和 e_B 互质，攻击者就可以通过 3.2.4 节介绍的方法，利用欧几里得算法得到两个整数 x 和 y，使得 $x \cdot e_A + y \cdot e_B = 1$。由于 e_A 和 e_B 是正整数，如果 x 和 y 都是正数，那么 $x \cdot e_A + y \cdot e_B$ 必然大于 1；反之，如果 x 和 y 都是负数，那么 $x \cdot e_A + y \cdot e_B$ 必然为负数。因此，唯一的可能是 x 和 y 有一个是正数，而另一个是负数。如果 x 是负数，则攻击者就可以计算：

$$(c_A^{-1})^{-x} \cdot c_B^{y} = c_A^{y} \cdot c_B^{y} = (m^{e_A})^{x} \cdot (m^{e_B})^{y} = m^{xe_A + ye_B} = m^1 \equiv m \ (mod \ N)$$

这样，在未知私钥 d_A 和 d_B 的条件下，恶意攻击者 Eve 仅通过密文 c_A、c_B 和公钥 e_A、e_B，恢复出了 Carol 发送的聚餐地点 m。

因此，每一个信息接收方都要使用不同的合数 N 生成自己的公钥和私钥。不要和其他人共同使用同一个合数 N。

4.4.3 公钥和私钥都不能选得特别小

RSA 公钥加密方案中的加密算法涉及运算 m^e（$mod \ N$）。同理，RSA 数字签名方案中的签名算法涉及运算 $m^d\,(mod\,N)$。这两个运算都是幂运算，实际计算的速度会相对较慢。为了提高加密算法或签名算法的计算效率，有人想出了一个有趣的方法：在 RSA 公钥加密方案中，能否把公钥 e 固定为一个比较小的整数，如 $e=3$？这样，加密算法只需计算 $m^3\,(mod\,N)$，可以大大提高加密算法的执行效率。与之类似，在 RSA 数字签名加密方案中，能否把签名密钥 d 也固定为一个比较小的整数，从而提高签名算法的执行效率呢？

密码学家说：并不行！他们得到了如下结论：如果 RSA 公钥加密中的公钥 e 或者私钥 d 非常小，那么存在算法，可以从密文中快速恢复出明文。这个攻击算法的一般形式需要用到数学中格理论（Lattice Theory）的一个特定算法。

格理论是近年来数学家和密码学家所广泛研究的数学工具，理解格理论的难度也相当高。在此我们仍然来看一个比较简单的例子。设想这样一个场景：Dave 同样要和他的三位朋友 Alice、Bob、Carol 约定一个共同的聚餐地点。吃一堑长一智，Alice、Bob 和 Carol 选取了不同的合数 N_A、N_B、N_C，分别构造出自己的 RSA 加密方案。不过，为了让 Dave 计算方便，Alice、Bob 和 Carol 分别选取了相同的小公钥 $e_A=e_B=e_C=3$。Dave 计算得到了聚餐地点 m 所对应的三个密文：

$$c_A \equiv m^3\,(mod\,N_A) \quad c_B \equiv m^3\,(mod\,N_B) \quad c_C \equiv m^3\,(mod\,N_C)$$

当攻击者分别得到 c_A、c_B、c_C 后，他可以直接计算：

$$c = c_A \cdot c_B \cdot c_C \equiv m^3\,(mod\,N_A \cdot N_B \cdot N_C)$$

由于 RSA 加密要求 $m<N_A$、$m<N_B$、$m<N_C$，因此 $m^3<N_A \cdot N_B \cdot N_C$。攻击者就可以在上述等式中消去同余运算符号，直接计算并得到：

$$m = \sqrt[3]{c_A \cdot c_B \cdot c_C}$$

这样一来，攻击者便在不知道任何人私钥 d_A、d_B、d_C 的条件下把聚餐地点 m 恢复出来。

由此可见，在使用 RSA 密码时，不要使用过小的公钥 e 或者过小的私钥 d。

4.4.4 RSA 中的其他安全问题

RSA 中还存在其他的安全问题吗？ RSA 自 1977 年被提出以后，数学家和密码学家对其安全性进行了全方位的研究。除了前文提到的一些安全问题外，还有以下问题：

· 可以通过破坏芯片等形式，故意让 RSA 加密算法或签名算法在计算过程中出现错误，从而获知私钥 d，此种攻击被称为随机错误攻击（Random Faults Attack）。

· 在 RSA 公钥加密方案中，如果明文比较短，且没有经过填充（Padding），则容易从密文中恢复出明文，此种攻击被称为短填充攻击（Short Pad Attack）。

· 在 RSA 公钥加密方案中，即使明文经过了填充，但是检查填充是否正确的过程存在漏洞，则也容易从密文中恢复出明文，此种攻击的一般形式被称为选择密文攻击（Chosen Ciphertext Attack）。

既然 RSA 中存在这样那样的安全问题，是否意味着 RSA 在实际使用中不够安全呢？不难发现，上述攻击方法都需要满足特定的条件。因此，只要可以规避上述条件，RSA 仍然会是安全的。密码学家建议在使用 RSA 等密码方案时，要注意以下两点：

（1）不要自己实现密码学方案，将密码学方案的实现交给专业人士来完成；

（2）不要使用来历不明的参数，要从可以信赖的渠道获取相关参数，或正确使用专业人士提供的方法生成参数。

本章介绍了诸多现代密码学中仍然被认为是安全的密码方案。首先，本章介绍了安全的对称加密，包括上帝也破解不了的一次一密；曾经被认为是安全的，只因密钥长度不满足当今需求而逐渐被淘汰的 DES；迄今为止除上帝外谁也破解不了的 AES。随后，本章介绍了公钥密码中最为经典的四个方案：狄菲－赫尔曼密钥协商协议、RSA 公钥加密方案、盖默尔公钥加密方案以及 RSA 数字签名方案。最后，本章介绍了 RSA 公钥密码的破解之道，揭示了隐藏在 RSA 背后的一些安全问题。

至此，本次密码学的旅途已接近尾声。当然，现代密码学仍然在蓬勃发展。密码学家还在提出更多更有意思的密码。例如：可以向多个人分享同一个秘密的秘密分享（Secret Sharing）；可以在不透露任何信息的条件下，向一个人证明自己知道某个秘密的零知识证明（Zero-Knowledge Proof）；能用于构造在一边安装两把锁的"保险柜"，可以在密文上实现加、减、乘、除运算的全同态加密；可以直接将电子邮件地址、身份证号码等有意义的文字作为公钥的基于身份加密（Identity-Based Encryption）。这些密码均利用了较为复杂的数学基础，通过巧妙的构造实现了多种多样的安全功能。

此外，超越图灵计算机计算功能的量子计算机也将对密码学产生极大的影响，原因在于应用量子计算机可以高效地解决公钥密码学安全性所依赖的两大计算困难问题：大整数分解问题和离散对数问题。1994 年，麻省理工学院的教授 P. 许尔（P. Shor）宣称找到了一个算法，可以快速解决整数分解问题。最开始，数学家和密码学家对此并不太感兴趣，因为几乎每隔一段时间就会有某位数学家或密码学家表示自己已经解决整数分解问题，但是他们所提交的算法都存在问题。然而，经过深入的分析验证，数学家和密码学家发现，许尔所提出的算法本身并没有任何问题，只是这个算法需要在当时尚未问世的量子计算机上实现。后续的研究工作表明，许尔所提出的算法不仅可以解决整数分解问题，稍作修改后还可以解决离散对数问题。如果计算机科学家在不久的将来成功研制出量子计算机，那么狄菲 – 赫尔曼密钥协商协议、RSA 公钥加密方案、盖默尔公钥加密方案、RSA 数字签名方案以及后续提出的多种公钥加密方案和数字签名方案将都将变得不再安全。

许尔是在 1994 年提出这一算法的，当时就算是超级计算机也是体积巨大、计算缓慢，研制量子计算机更是痴人说梦。然而，二十多年后的今天，量子计算机正逐渐走入人们的视野。它的到来真的会使得公钥密码学再一次坠入深渊吗？不，公钥密码学还有希望。为了让公钥密码方案抵御量子计算机的攻击，2016 年 7 月 7 日，谷歌公司宣布尝试用抗量子计算攻击的新型密钥协商方案新希望（New Hope）替换现有标准下的密钥协商方案。2016 年 11 月 28 日，谷歌宣布第一次实验结束。实验结果表明，新希望方案仅能替换部分标准下的密钥协商方案，通用性仍有待加强。2018 年 12 月 12 日，谷歌宣布启动第二次实验，尝试用 NTRU 这一更加通用的抗量子密码学方案替换现有标准下的密钥协商方案，这一次的实验非常成功。目前，NTRU 方案是入选 NIST 后量子密码学标准项目（Post-Quantum Cryptography Standardization Project）于 2020 年 7 月 22 日发布的七个终选方案之一。NIST 期望在 2024 年发布后量子密码学标准。如今，后量子时代的密码学正蓬勃发展。密码学将要走向何方？我们拭目以待。

有关完备保密性与一次一密的进一步论述，请参考 J. 卡茨（J. Katz）和 Y. 林德尔（Y. Lindell）所撰写教材《现代密码学简介》（*Introduction to Modern Cryptography*）的第二章：完备秘密加密（Perfectly Secret Encryption）。有关计算安全性和对称加密的相关理论，可以观看密码学家 D. 博什（D. Boneh）在免费大型公开在线课程平台 Coursera 上开设的课程《密码学 I》（*Cryptography I*）。对于 DES 和 AES 的详细描述，同样可以参考教材《现代密码学简介》的第六章：对称加密原语的实际构造（Practical Constructions of Symmetric-Key Primitives）。大家可以阅读 M. 斯米德（M. Smid）和 D. 布兰斯德（D. Branstad）所撰写的文章《数据加密标准：过去与未来》（*The Data Encryption Standard: Past and Future*），以了解 DES 的发展历程。还可以阅读 J. 纳什维他（J. Nachvatal）、E. 贝克（E. Barker）、L. 巴萨姆（L. Bassham）等人撰写的《高级加密标准发展报告》（*Report on the Development of the Advanced Encryption Standard*），以进一步了解 AES 的发展历程。

有关公钥密码的发展史，可以阅读 S. 莱维（S. Levy）所撰写图书《密码学：反政府武装如何击败政府——在数字时代保护个人隐私》（*Crypto: How the Code*

Rebels Beat the Government–Saving Privacy in the Digital Age）的第三章"公钥"。

2015 年 6 月 3 日，RSA 公钥密码的提出者之一李维斯特在西蒙斯学院开设的密码学课程中进行了一个题目为"密码学发展"的演讲。可以通过观看此演讲视频进一步了解密码学、特别是公钥密码学的发展史。可以查阅卡茨和林德尔所撰写教材《现代密码学简介》（*Introduction to Modern Cryptography*）的第十一章：公钥加密和第十二章：数字签名方案，以进一步学习公钥加密和数字签名，并了解除 RSA、盖默尔之外的其他公钥密码方案。博什发表的论文《二十年来针对 RSA 密码系统的攻击》是一份有关 RSA 安全性的绝佳参考资料。

后 记

　　在完成知乎电子书《质数了不起》时，我还是北京航空航天大学电子信息工程学院的博士研究生，主要研究方向是公钥密码学以及其在大数据安全存储中的应用。如今，我已经加入阿里巴巴集团，担任安全专家职务，负责数据安全与隐私保护技术方面的研究与应用落地工作。

　　自"棱镜门"事件以来，越来越多的人们开始关注密码学领域的攻击手段以及相关的安全技术，如著名网络安全协议中的"心脏滴血"漏洞、横行的勒索病毒"Wanna Cry"。人们也迎来了比特币这种基于密码学的电子货币。2017年6月1日《中华人民共和国网络安全法》、2020年1月1日《中华人民共和国密码法》、2020年7月20日《中华人民共和国数据安全法（草案）》征求意见、2020年10月21日《中华人民共和国个人信息保护法（草案）》征求意见，这一系列法律法规的出台更是使得数据安全成为大众关注的焦点。而这些话题都与密码学有着深入的联系。撰写这本书的目的，一方面是想让喜爱《质数了不起》的读者朋友能够阅览到更为丰富的内容，另一方面也是想通过本书为读者朋友普及密码学的知识，从技术角度提高大家的网络安全意识。希望这本书能让更多读者朋友喜欢上密码学这样一门年轻的学科，从而愿意进一步了解密码学相关的知识，甚至能在未来为数据安全与隐私保护领域贡献出自己的一份力量。

　　与先前撰写《质数了不起》相比，撰写本书对我来说又是一次全新的挑战。

《质数了不起》的内容较为浅显，其中有关密码学理论的讲解也不够深入。但在撰写这本书时，我深深感受到了"科普"二字的困难。要通过浅显易懂的语言、生动有趣的例子来讲述密码学及其背后的数学原理，实属难事。我虽绞尽脑汁，但仍有个别知识点的介绍无法做到深入浅出又不失准确。希望未来还能有机会向读者朋友们讲解更多更为有趣的密码学知识，为大家带来更全面的科普。

如果你对密码学（尤其是公钥密码学）或隐私保护技术感兴趣，欢迎来到知乎与我交流。

最后，再次感谢各位读者朋友，衷心希望你在收获了密码学知识的同时，也收获了更多快乐。